HANS CHRISTIAN VON BAEYER

FERMIS WEG

WAS DIE NATURWISSENSCHAFT MIT DER NATUR MACHT

Deutsch von Hainer Kober ROWOHLT

Die Originalausgabe erschien 1993
unter dem Titel «The Fermi Solution: Essays on Science»
im Verlag Random House, New York
Umschlaggestaltung Jens Kreitmeyer
Redaktion Jens Petersen

1. Auflage August 1994

Satz Aldus (Linotronic 500)
Gesamtherstellung Clausen & Bosse, Leck
Printed in Germany
ISBN 3 498 00549 9

Für H. J. v. B. und M. W. W.

INHALT

FERMIS WEG

An einem Montagmorgen im Juli 1945 explodierte neunundzwanzig Minuten nach fünf in einer Wüste hundert Kilometer nordwestlich von Alamogordo in New Mexico die erste Atombombe der Welt. Vierzig Sekunden später erreichte die Druckwelle der Explosion das Basiscamp, wo eine Gruppe von Wissenschaftlern in atemlosem Staunen das historische Geschehen verfolgte. Als erster rührte sich der italoamerikanische Physiker Enrico Fermi, der zugegen war, um den Abschluß eines Projekts zu beobachten, zu dessen Gelingen er wesentliche Beiträge geleistet hatte.

Bevor die Bombe detonierte, hatte Fermi eine Seite seines Notizbuches in kleine Fetzen zerrissen. Als er die ersten Regungen der Druckwelle in der stillen Luft spürte, warf er die Papierschnitzel über sich in die Höhe. Sie flatterten von dem am Horizont aufquellenden Atompilz fort und landeten ungefähr zweieinhalb Meter hinter ihm. Nach einer kurzen Überschlagsrechnung im Kopf erklärte Fermi, die Energie der Bombe habe der von zehntausend Tonnen TNT entsprochen. Auf dem Versuchsgelände hatte man natürlich auch komplizierte Meßinstrumente installiert, und die Auswertung der von ihnen ermittelten Daten zu Geschwindigkeit und Druck der Welle, eine Arbeit, die mehrere Wochen in Anspruch nahm, bestätigte Fermis rasche Schätzung.

Das Team der am Bombentest beteiligten Wissenschaftler war von diesem brillanten Beispiel wissenschaftlicher Improvisation beeindruckt, aber nicht sonderlich überrascht. In der physikalischen Welt war Enrico Fermis Genialität durchaus bekannt. 1938 hatte er den

Nobelpreis für seine Arbeit über Elementarteilchen erhalten. Vier Jahre später erzeugte er in Chicago die erste eigenständige Kettenreaktion und läutete damit das Zeitalter von Atomwaffen und Kernenergie ein. Kein anderer Physiker seiner und späterer Zeit verfügte wie er zugleich über die Fähigkeiten des Experimentators und des Theoretikers. Die Papierschnitzel und die Analyse ihres Flugs sind ein schönes Beispiel für die besondere Kombination seiner Fähigkeiten.

Wie alle Virtuosen hatte Fermi seinen unverwechselbaren Stil. Bei der Auseinandersetzung mit physikalischen Problemen nahm er Widerstände nicht zur Kenntnis. Ihm kam einfach nicht in den Sinn, er könnte die Lösung eines Problems nicht finden. Seine wissenschaftlichen Aufsätze und Bücher zeugen von Geringschätzung für Schnörkel und Verzierungen – von einer Vorliebe für den direktesten Weg zu einer Lösung, der nicht der eleganteste zu sein brauchte. Wenn Fermi an die Grenzen seiner Intelligenz stieß, vollendete er eine Aufgabe mit roher Gewalt.

Um dieses Verfahren zu verdeutlichen, wollen wir uns vorstellen, daß ein Physiker das Volumen eines unregelmäßigen Objekts bestimmen muß – sagen wir, der leicht birnenförmigen Erde. Da er sich ohne Formel hilflos fühlen dürfte, wird er nach einer solchen suchen, wozu ihm mehrere Möglichkeiten offenstehen. So könnte er einen Mathematiker zu Rate ziehen. Allerdings ist es fraglich, ob er einen findet, der genügend Kenntnis und Interesse hat, um ihm helfen zu können. Unser Physiker könnte auch die mathematische Literatur durcharbeiten – eine zeitraubende und wohl zum Scheitern verurteilte Tätigkeit, weil die von den Mathematikern zumeist bevorzugten idealen Konstrukte wenig mit den unregelmäßigen Formen zu tun haben, die in der Natur vorkommen. Oder er könnte seine Forschungsarbeiten beiseite legen, um die gesuchte Formel aus mathematischen Grundprinzipien abzuleiten. Doch wenn er den Wunsch verspürt hätte, seine Zeit der theoretischen Geometrie zu widmen, wäre er wohl kaum Physiker geworden.

Statt dessen könnte er aber auch tun, was Fermi getan hätte: das

Volumen numerisch berechnen. Statt sich auf eine Formel zu verlassen, würde er den Planeten im Kopf in eine große Zahl winziger Würfel unterteilen – jeder mit einem Volumen, das sich leicht nach der Regel Länge mal Breite mal Höhe berechnen läßt –, um dann die Lösungen dieser einfacheren Gleichungen zu addieren. Zwar liefert diese Methode nur einen Näherungswert, ist aber ein sicherer Weg zum gewünschten Ergebnis, und darauf kam es Fermi an. Als nach dem Zweiten Weltkrieg die Computer und später die Taschenrechner aufkamen, wurde die numerische Berechnung in der Physik zum Standardverfahren.

Die Technik, schwierige Probleme in kleine, lösbare Schritte aufzuteilen, läßt sich nicht nur auf Situationen anwenden, die numerischer Berechnung zugänglich sind, sondern auch auf viele andere Aufgaben. Fermi war ein Meister dieses Näherungsverfahrens, und um es seinen Studenten zu vermitteln, entwickelte er eine Art der Fragestellung, die heute mit seinem Namen verknüpft ist. Ein Fermi-Problem hat ein charakteristisches Profil: Hört man es zum erstenmal, hat man nicht die geringste Ahnung, wie die Antwort aussehen könnte, und ist davon überzeugt, daß die gegebene Information nicht ausreicht, um eine Lösung zu finden. Wenn man dann aber das Problem in Unterprobleme zerlegt, läßt sich jedes ohne Hilfe von Fachleuten oder Nachschlagewerken lösen. Im Kopf oder auf der Rückseite eines Briefumschlags kann man einen Schätzwert errechnen, der der exakten Lösung bemerkenswert nahe kommt.

Nehmen wir beispielsweise an, wir möchten den Erdumfang bestimmen, ohne ihn nachzuschlagen. Die Entfernung zwischen New York und Los Angeles beträgt etwa fünftausend Kilometer und der Zeitunterschied zwischen beiden Küsten drei Stunden. Nun entsprechen drei Stunden einem achtel Tag, und ein Tag ist die Zeit, die der Planet für eine Umdrehung braucht. Folglich muß sich sein Umfang auf acht mal fünftausend, also vierzigtausend Kilometer belaufen – eine Antwort, die von dem tatsächlichen Wert (am Äquator gemessen 40076,59 Kilometer) um weniger als 0,2 Prozent abweicht. Das läßt an John Milton denken:

So leicht ist, einmal entdeckt,
was einst, da unentdeckt,
unmöglich schien.

Manchmal scheinen Fermi-Probleme eine gewisse Ähnlichkeit mit den Knobelaufgaben zu haben, die auf den letzten Seiten von Reklamejournalen und Publikumszeitschriften abgedruckt sind (Wie können Sie einen Liter abmessen, wenn Sie drei Behälter haben, die acht, fünf und drei Liter enthalten?), doch die beiden Gattungen weisen erhebliche Unterschiede auf. Die Antwort auf ein Fermi-Problem läßt sich im Gegensatz zu der einer Knobelaufgabe nicht durch logische Deduktion allein finden und liefert immer nur einen Näherungswert. (Um den exakten Erdumfang zu bestimmen, müssen wir den Planeten tatsächlich vermessen.) Ferner ist zur Lösung eines Fermi-Problems ein gewisses Faktenwissen erforderlich, das in der Aufgabenstellung nicht erwähnt wird. (Dagegen enthält das Umfüllrätsel alle Information, die zu seiner Lösung nötig ist.)

Aus diesen Unterschieden geht hervor, daß Fermi-Probleme enger mit der physikalischen Welt verknüpft sind als mathematische Rätsel, die für den Physiker selten von praktischem Wert sind. Aus dem gleichen Grund erinnern Fermi-Probleme an die ganz gewöhnlichen Schwierigkeiten, denen Nichtphysiker im täglichen Leben begegnen. So sind dieser Problemtyp und seine Lösungsweise nicht nur für die physikalische Praxis von Belang, sondern geben uns auch wertvolle Einblicke in Lebenskunst.

Wie viele Klavierstimmer gibt es in Chicago? Der absonderliche Charakter dieser Frage, die geringe Wahrscheinlichkeit, daß jemand die Antwort kennt, und der Umstand, daß Fermi sie seinen Studenten an der University of Chicago gestellt hat – all das hat ihr einen legendären Ruf eingetragen. Es gibt keine Standardlösung (genau darum geht es ja), doch jeder kann Vermutungen anstellen, die zu einer ungefähren Antwort führen. Hier ist eine Möglichkeit: Wenn die Großstadt Chicago drei Millionen Einwohner hat, eine Durchschnittsfamilie aus vier Personen besteht und ein Drittel aller Familien ein Klavier besitzt, dann gibt es zweihundertfünfzigtausend Klaviere in der Stadt. Wenn jedes Klavier alle fünf Jahre gestimmt wird, müssen jedes Jahr fünfzigtausend Klaviere gestimmt werden. Wenn ein Stimmer vier Klaviere am Tag schafft, sind das bei zweihundertfünfzig Arbeitstagen pro Jahr eintausend gestimmte Klaviere. Folglich muß es in der Stadt ungefähr fünfzig Klavierstimmer geben. Die Antwort ist nicht genau, sie kann auch fünfundzwanzig oder hundert lauten, aber wie die Gelben Seiten des Chicagoer Telefonbuches bezeugen, kommt sie der Wahrheit recht nahe.

Fermi wollte damit zeigen, daß man von verschiedenen Voraussetzungen ausgehen und dennoch zu Schätzungen gelangen kann, die dem richtigen Wert nahe kommen, selbst wenn anfangs noch nicht einmal die Größenordnung der Antwort bekannt ist. In jeder Folge von Berechnungen haben Fehler nämlich die Tendenz, einander aufzuheben. Wenn jemand beispielsweise annimmt, daß nicht jede dritte, sondern jede sechste Familie ein Klavier besitzt, geht er dafür möglicherweise von der Vermutung aus, daß Klaviere zweimal und nicht einmal in fünf Jahren gestimmt werden. Die Aussicht, daß alle Fehler Unterschätzungen (oder Überschätzungen) sind, ist ebenso gering wie die Wahrscheinlichkeit, daß man in einer Reihe von Münzwürfen nur Kopf (oder Zahl) erhält. Nach dem Wahrscheinlichkeitsgesetz müssen sich Abweichungen von den richtigen Annahmen gegenseitig ausgleichen, so daß sich das Endergebnis der richtigen Zahl annähert.

Natürlich haben die Fermi-Probleme, mit denen sich Physiker auseinandersetzen, häufiger mit Atomen und Molekülen als mit Klavieren zu tun. Um sie beantworten zu können, muß man sich ein paar Grundgrößen einprägen, etwa den ungefähren Radius eines durchschnittlichen Atoms oder die Zahl der Moleküle in einem Fingerhut voll Wasser. Mit solchen Fakten ausgerüstet, läßt sich beispielsweise schätzen, welche Entfernung ein Auto zurücklegen muß, bis das Reifenprofil eine Gummischicht von ungefähr der Dicke eines Moleküls verliert. Wie sich herausstellt, wird genau diese Schicht bei jeder Umdrehung der Räder abgetragen, was uns vor Augen führt, wie ungeheuer groß die Zahl der Atome in einem Reifen ist. (Nehmen wir an, das Profil ist etwa sechs Millimeter dick und nach sechzigtausend Kilometern abgefahren. Teilt man sechs Millimeter durch die Zahl der Umdrehungen, die ein durchschnittlicher Autoreifen mit einem Umfang von knapp zwei Metern auf sechzigtausend Kilometern absolviert, so gelangt man zu einem Resultat von ungefähr einem Zweihundertmillionstel Zentimeter oder dem Durchmesser eines Moleküls.)

Natürlich lassen sich Fermi-Probleme auch auf Gebiete von größerer Bedeutung anwenden: Energiepolitik (die Zahl der Solarzellen, die erforderlich ist, um eine bestimmte Elektrizitätsmenge zu erzeugen), Umweltqualität (die Menge sauren Regens, die der jährliche Kohleverbrauch in Europa hervorruft) oder Militärtechnik. Ein schönes Beispiel für letzteren Bereich hat 1981 David Hafemeister, ein Physiker von der California Polytechnic State University, vorgeschlagen: Wie lange müßte der Strahl des leistungsfähigsten Lasers auf die Außenhaut eines im Anflug befindlichen Fernlenkgeschosses einwirken, um die chemischen Explosivstoffe im nuklearen Sprengkopf der Rakete zu zünden? Entscheidend ist der Gesichtspunkt, daß sich ein Lichtstrahl, egal wie konzentriert er ist, gleich einer Meereswelle ausbreitet, die durch eine enge Hafenöffnung tritt, ein Phänomen, das man als Diffraktionsverbreiterung bezeichnet. Die Formel, die diese Ausbreitung beschreibt, gilt für alle Wellenarten, also auch für Lichtwellen, so daß sich bei einer durchschnittlichen Satelliten-Raketen-Entfernung von vielleicht elfhundert Kilometern die Energie eines Lasers erheblich abschwächt. Macht man einige vernünftige Annahmen über die Temperatur, bei der sich Sprengstoffe entzünden (sagen wir, fünfhundert Grad Celsius), den Durchmesser des Spiegels, der den Laserstrahl bündelt (drei Meter dürften hinkommen) und die höchstmögliche Energie chemischer Laser (eine Größenordnung von einer Million Watt ist denkbar), so lautet die Antwort: ungefähr zehn Minuten.

Die Aufgabe, einen Laserstrahl zehn Minuten lang über eine Entfernung von elfhundert Kilometern auf ein dahinjagendes Geschoß zu richten, übersteigt unsere gegenwärtigen technischen Möglichkeiten bei weitem. So muß der Laserstrahl zu seiner Quelle zurückgeworfen werden, weil sich nur so verifizieren läßt, daß er sein Ziel trifft – ein Unterfangen, das dem Versuch gleicht, einen Spiegel, der von einem laufenden Menschen auf der entgegengesetzten Seite eines Fußballfeldes getragen wird, mit dem Strahl einer Taschenlampe so zu treffen, daß einem das reflektierte Licht ins Auge fällt.

Bei diesem Fermi-Problem hängt die Lösung von mehr Fakten ab, als Durchschnittsmenschen, auch Durchschnittsphysiker, aus dem Ärmel schütteln können. Doch wer die nötigen Daten parat hat, braucht für die Rechnung nur ein paar Minuten und gelangt zu einem Ergebnis, dessen Genauigkeit nicht darunter leidet, daß es auf leichte Weise erzielt worden ist. Deshalb deckt sich Hafemeisters einfache Schlußfolgerung, zu der er noch vor Präsident Reagans «Star Wars»-Rede aus dem Jahr 1983 gelangt war, im großen und ganzen mit dem Bericht *Science and Technology of Directed Energy Weapons* der American Physical Society von 1987, dessen Ergebnisse auf einer sehr viel eingehenderen Analyse beruhten. Vorsichtige Physiker – Wissenschaftler, die trügerische Ergebnisse und Sackgassen zu vermeiden trachten – verfahren nach einem bewährten Grundsatz: Fange nie eine langwierige Berechnung an, ohne den Größenbereich der Werte zu kennen, in dem das Ergebnis wahrscheinlich liegt (und, was genauso wichtig ist, den Bereich, in dem das Ergebnis wahrscheinlich *nicht* liegt). Physiker gehen jedes Problem als Fermi-Problem an, das heißt, sie überschlagen die Größenordnung des Ergebnisses, bevor sie sich auf eine Untersuchung einlassen.

Fermi-Probleme verwenden Physiker auch für die Kommunikation untereinander. Wenn sie sich in den Eingangshallen von Universitäten, den Foyers von Kongreßzentren oder zum Abendessen treffen, um ein neues Experiment oder eine neue Theorie zu erörtern, beginnen sie häufig damit, das zur Diskussion stehende Problem numerisch einzugrenzen. Nur wer ängstlich ist, zaudert und überläßt das Problem den anwesenden Experten. Diejenigen, die an die Auseinandersetzung mit Fermi-Problemen gewöhnt sind, gehen die

Frage an, als gehöre sie in ihr eigenstes Fachgebiet, und zeigen durch Überschlagsrechnungen, daß sie verstanden haben, worum es geht. Wenn sich das Gespräch beispielsweise einem neuen Teilchenbeschleuniger zuwendet, schätzen sie, wie stark seine Magneten sein müssen. Geht es um die Struktur eines neuen Kristalls, so berechnen sie den Abstand zwischen den Atomen. Jeder versucht, die Antwort mit möglichst geringem Aufwand zu finden. Diese geistige Unabhängigkeit versuchte Fermi, der sie selbst in hohem Maße besaß, bei seinen Studenten zu wecken, indem er ihnen seine unkonventionellen Aufgaben stellte.

Fragen über Atombomben, Klavierstimmer, Autoreifen, Laserwaffen, Teilchenbeschleuniger und Kristallstrukturen haben wenig miteinander gemein. Doch das Verfahren, durch das sie beantwortet werden, ist in allen Fällen gleich und läßt sich genauso erfolgreich auf nichtphysikalische Fragen anwenden. Egal ob es sich um ein Problem beim Kochen, Autoreparieren oder in menschlichen Beziehungen handelt, grundsätzlich gibt es zwei Reaktionsweisen: die kleinmütige Hinwendung zu Autoritäten – den Rückgriff auf Bücher, Vorgesetzte, fachkundige Berater, Ärzte, Geistliche – und das Vertrauen auf die eigene Kraft: Wer selbständig denkt, hält sich an den gesunden Menschenverstand und an jenen Vorrat an Faktenwissen, über den wir alle verfügen, geht auf dieser Basis von vernünftigen Annahmen aus und gelangt zu eigenen, wenn auch nur ungefähren Lösungen. Bei Getriebeschaden oder schwerer Depression braucht man gewöhnlich professionelle Hilfe, aber für die Bewältigung bescheidener Herausforderungen – die Zubereitung von Chili con carne, den Austausch einer Wasserpumpe, die Lösung eines Familienkonflikts – sind häufig nicht mehr als ein bißchen Logik, gesunder Menschenverstand und Geduld erforderlich.

Die Ähnlichkeit zwischen technischen und menschlichen Problemen erläuterte Robert M. Pirsig 1974 in seinem Buch *Zen und die Kunst, ein Motorrad zu warten*, in dem die Reparatur und Wartung eines Motorrades zur Metapher für Rationalität überhaupt wird. Einmal schlägt der Protagonist einem Freund vor, den losen Lenker seiner neuen BMW, des Glanzstücks einer fünfzigjährigen deutschen Maschinenbautradition, mit einem Stück Blech von einer alten Bierdose zu reparieren. Obwohl der Vorschlag technisch vorzüglich ist (das Stück Aluminium ist dünn und biegsam), kann sich der Besitzer des Motorrades, ein Musiker, nicht von seiner Autoritätsgläubigkeit befreien; da die Idee nicht von einem gelernten Zweiradmechaniker kommt, zieht er sie nicht ernsthaft in Betracht. Mit der gleichen Skepsis hätten manche Beobachter sicherlich die Analyse aufgenommen, die Fermi mit einer Handvoll Papierschnipsel bei dem zwei Milliarden Dollar teuren Atombombentest vornahm. Wahrscheinlich hat eine solche Haltung weniger mit dem Faktenwissen dieser Menschen als mit ihrer Einstellung zum Leben zu tun. Dazu schreibt Pirsig: «Das Motorrad, an dem man eigentlich arbeitet, ist man selbst.»

Die Probleme der Wissenschaft – oder des Alltags – in der Weise anzugehen, wie Fermi es tat, hat seinen Wert letztlich in den unabhängigen Erkenntnissen und Entdeckungen, auf die man stößt. Dabei spielt es keine Rolle, ob die Entdeckung von großer Bedeutung ist und beispielsweise Aufschluß über die Sprengkraft einer Atombombe gibt oder ob sie eher etwas Unwesentliches betrifft und uns nur einen Eindruck von der Zahl der Klavierstunden in einer Stadt vermittelt. Wenn wir die Antwort nachschlagen oder uns von jemand anders holen, so erweisen wir uns damit einen schlechten Dienst; wir berauben uns der Freude und des Stolzes, die uns jede kreative Leistung schenkt, und bringen uns um eine Erfahrung, die, mehr als alle anderen Dinge im Leben, das Selbstvertrauen stärkt. Dies wiederum ist eine wesentliche Voraussetzung für die Lösung von Fermi-Problemen. So kann die Behandlung persönlicher Schwierigkeiten als Fermi-Probleme in einer Art Kettenreaktion zu einer Gewohnheit werden, die unser Leben bereichert.

GESCHÖPFE AUS DER TIEFE

Noch nie hat jemand ein Yali in freier Wildbahn gesehen. Auch sonst ist es noch nicht beobachtet worden – obwohl das Yali, würde es sich zeigen, kaum zu übersehen wäre. Schenkt man dem Kartographen und Naturforscher Gervasius von Tilbury aus dem 13. Jahrhundert Glauben, so besitzt das scheue Geschöpf den Körper «eines Pferdes, die Kiefer einer Ziege, den Schwanz eines Elefanten, Hörner von einer Elle [etwa sechzig Zentimeter] Länge, von denen das Tier eines nach hinten legen kann, während es das andere zum Angriff nach vorn richtet, sowie die Fähigkeit, sich gleichermaßen zu Wasser wie zu Lande fortzubewegen». Auf seiner Weltkarte siedelte Gervasius das Yali in Indien an, das man irgendwo in Asien vermutete, ganz in der Nähe vom Garten Eden.

Vor die Aufgabe gestellt, unerforschte Erdregionen abzubilden, bevölkerten Gervasius und andere Kartographen des Mittelalters ferne Erdteile und entlegene Meere mit Drachen, Einhörnern und noch exotischeren Fabelwesen wie eben dem Yali, eine Praxis, die auf die tiefe Angst des Menschen vor der Leere in Momenten der Begegnung mit dem Unbekannten verweist. Drachen und Einhörner, sogar Yali, sind nicht so beunruhigend wie die riesigen Weiten unerforschter Gebiete, die man durch weiße Flecken wiedergeben müßte. So fühlt der Mensch den Drang, solche leeren Räume zu bevölkern, die Dunkelheit zu zähmen.

Heute liegen die weißen Flecken auf der Karte des menschlichen Wissens weit jenseits von Indien und den Antipoden, jenseits des Mondes und der Sonne, in den Tiefen dessen, was wir so sinnig Weltall nennen. Bei der Erforschung dieses Gebietes sind die Astronomen auf ein beunruhigendes Rätsel gestoßen. Wie sie festgestellt haben, gibt es Anhaltspunkte für die Existenz riesiger Mengen unsichtbarer Materie von völlig unbekannter Beschaffenheit. Nach neueren Berechnungen stellt dieser seltsame Stoff, dunkle Materie genannt, die überwiegende Masse des Universums.

Bei den Spekulationen über die Natur der dunklen Materie hat man alles bemüht, was sich anbot: Schwärme hypothetischer Elementarteilchen, verschiedene kalte, erloschene Sterne – braune Zwerge – und höchst bizarre astronomische Objekte wie kosmische Strings. Nach neuester Zählung gab es ungefähr zwei Dutzend Kandidaten. Anfangs sind wir bei dem Versuch, das Unbekannte zu verstehen, natürlich immer auf Spekulationen angewiesen, doch normalerweise schränken die verfügbaren Fakten die Zahl möglicher Erklärungen erheblich ein, was der Phantasie Zügel anlegt. In diesem Fall gibt es jedoch nur wenige empirische Beschränkungen – in erster Linie weil sich die Tiefen des Weltalls allen Experimenten entziehen. Deshalb kann sich die Phantasie freier entfalten als gewöhnlich, und die Wahrheit ist schwerer zu bestimmen.

Die ungelöste Frage der dunklen Materie ist mehr als ein wissenschaftliches Problem, sie ist eine Schande. Nach Meinung vieler Physiker sind wir im Begriff, die endgültige Beschreibung der materiellen Welt zu finden – jene «Theorie für alles», die sich unserem Zugriff so lange entzogen hat. Doch wie läßt sich dieses ehrgeizige Vorhaben verwirklichen, solange der größte Teil der Substanz, aus der das Universum besteht, unsichtbar bleibt? Die dunkle Materie würde uns auch Hinweise darauf liefern, wie der Kosmos entstanden ist und wohin seine Entwicklung geht. Nur wenn wir das Rätsel der dunklen Materie lösen, werden wir das Schicksal des Universums begreifen.

Verständlicherweise bestrebt, mit einem Problem von so grundlegender Bedeutung weiterzukommen, haben die Physiker in ihrer Verzweiflung die weißen Flecken in ihrem Wissen mit modernen Spielarten des Yali gefüllt. So haben sich nach vier Jahrhunderten empirischer Wissenschaft die Fakten wieder mit Fiktionen gemischt, um eine Beschreibung des Kosmos anbieten zu können. Man könnte meinen, die Wissenschaftler wären, als sie die Augen von der gründlich vermessenen Erde auf den noch weitgehend unergründeten Himmel richteten, in der Zeit zurückgeschritten. Die Suche nach der dunklen Materie führte zu einem Rückfall in dunkle Zeitalter.

Auf den Gedanken, daß es mit dem Universum mehr auf sich haben könnte, als das Auge wahrzunehmen vermag, kam schon 1783 der englische Rektor John Michell, als er sich einen Himmelskörper von solcher Masse vorstellte, daß «alles von ihm ausgesandte Licht durch die Kraft seiner Gravitation gezwungen wäre, zu ihm zurückzukehren». Heute bezeichnet man ein solches Objekt als Schwarzes Loch und rechnet es zu den Kandidaten für die dunkle Materie. Doch im 18. Jahrhundert gab es keine Möglichkeit, Michells Hypothese zu überprüfen, und deshalb geriet sie weitgehend in Vergessenheit. Tatsächlich hat das Problem der dunklen Materie erst in den letzten zehn Jahren durch die enge Berührung dreier bis dahin getrennter Disziplinen – der Astronomie, Kosmologie und Teilchenphysik – größeres Interesse geweckt.

Die astronomischen Hinweise auf die Existenz dunkler Materie verdanken wir in erster Linie der Galaxienbewegung. Die feuerradartige Rotation dieser Sternenhaufen ist viel zu langsam, als daß man sie durchs Teleskop beobachten könnte, doch läßt sie sich indirekt feststellen. Wenn sich die Sterne am Rand einer rotierenden Galaxie von der Erde entfernen, wird ihr Licht wie eine Ziehharmonika in die Länge gezogen, und ihre Farben verschieben sich zum roten Ende des Spektrums. Umgekehrt verschieben sich am anderen Rand der Galaxie die Farben der Sterne, die sich der Erde nähern, zum blauen Ende hin. Diese Veränderungen sind eine Art kosmischer Radarfalle für Himmelskörper, denn sie ermitteln Geschwindigkeit und Richtung ihrer Bewegung. Auf diese Weise haben Astronomen in Erfahrung gebracht, daß Spiralgalaxien gleich Frisbee-Scheiben durch die intergalaktische Leere wirbeln – «zu gleich», wie sich herausstellte.

Große Himmelsobjekte können auf zwei Weisen rotieren. Ein Beispiel für die erste Bewegungsart bietet unser eigenes Sonnensystem mit seiner großen Zentralmasse (der Sonne) und kleineren Massen (den Planeten), die in verschiedenen Abständen um sie kreisen. Dabei bewegt sich jeder Planet mit geringerer Geschwindigkeit als sein innerer Nachbar. Drei Monate braucht Merkur, der innerste Planet, für seine Reise um die Sonne, während Pluto, der äußerste, das Zentralgestirn in zweihundertfünfzig Jahren umkreist. Abgesehen davon, daß jede Kreisbahn eine andere Länge hat, ist dieser krasse Unterschied der Umlaufzeiten noch auf eine zweite Ursache zurückzuführen: Die Gravitationskraft der Sonne läßt mit wachsender Distanz nach und zieht deshalb die Planeten, je weiter sie von ihr entfernt sind, um so langsamer um sie herum. Die zweite Rotationsart ist die einer Frisbee-Scheibe, die sich durch eine konstante Winkelgeschwindigkeit auszeichnet. Das heißt, alle Teile der Scheibe vom Mittelpunkt bis zum Rand brauchen genau die gleiche Zeit für eine Umdrehung. Die Kraft zur Beibehaltung dieser Bewegung liefert die innere Molekularanziehung, die für den Zusammenhalt des Plastikmaterials der Frisbee-Scheibe sorgt.

Da eine Galaxie aus einem Zentralkern von Milliarden Sternen besteht, der von immer nebelhafter werdenden Spiralarmen umgeben ist, müßte sie sich in der Weise des Sonnensystems drehen – rasch in der Mitte und langsam am Rand. Tatsächlich aber bewegt sie sich eher wie eine Frisbee-Scheibe, was darauf schließen läßt, daß eine zusätzliche Kraft im Spiel ist, die für die unerwartet hohe Geschwindigkeit der Spiralarme sorgt. Bei dieser Kraft kann es sich nur um die Gravitation handeln. (Elektrizität, die einzige andere Kraft, die über galaktische Entfernungen wirkt, kommt nicht in Frage, weil Sterne und Planeten elektrisch neutral sind.) Da sichtbare Sterne und Gaswolken nur einen Bruchteil der Masse und deshalb auch nur einen Bruchteil der Gravitation liefern, die erforderlich ist, um alle rotierenden Teile in der beobachteten Geschwindigkeit zu halten, muß eine solche Galaxie eine bestimmte Menge unentdeckten Materials, dunkler Materie eben, enthalten.

Beobachtungen der Sternenbewegung in der Milchstraße legen den Schluß nahe, daß ungefähr die Hälfte ihrer Masse in Form dunkler Materie vorliegt. In den sechs Spiralgalaxien, die neben der Milchstraße am eingehendsten untersucht worden sind – tief im Weltraum gelegene Objekte mit Namen wie UGC2885 und NGC3198 –, macht die dunkle Materie zwischen 75 und 80 Prozent der Gesamtmasse aus. Und nach den Bewegungen von Galaxien zu urteilen, die Galaxienhaufen bilden, sind in solchen Systemen noch höhere Anteile dunkler Materie erforderlich. Wenn die Astronomen alle diese Anhaltspunkte berücksichtigen, gelangen sie zu der erstaunlichen Schätzung, daß 90 Prozent des Universums aus diesem geheimnisvollen Stoff bestehen.

Kosmologen, für die die Frage nach Vergangenheit und Zukunft des Universums genauso wichtig ist wie die nach seiner gegenwärtigen Beschaffenheit, haben versucht, das Rätsel der dunklen Materie theoretisch zu lösen. Wie aus Einsteins 1916 formulierter Gravitationstheorie folgt, kann das Universum nur eine von drei möglichen Gestalten und entsprechend eines von drei möglichen Schicksalen haben. Einig sind sich die Kosmologen darüber, daß das Universum explosionsartig aus einem unendlich kleinen, aber außerordentlich dichten Kern hervorgegangen ist – ein Ereignis, das man als Urknall bezeichnet – und sich seither ausdehnt. Wenn die Materiemenge und damit die Stärke der Gravitation klein genug sind, wird sich diese Expansion endlos fortsetzen. Dann bezeichnet man das Universum als offen. Ist hingegen die Materiemenge groß, so wird die Schwerkraft die Expansion schließlich zum Stillstand bringen, umkehren und alle Materie im Universum schließlich in einer kosmischen Katastrophe, dem «Großen Endkollaps», in sich zusammenstürzen lassen. Ein solches Universum bezeichnet man als geschlossen. Die Trennungslinie zwischen diesen beiden Szenarien, in denen das Universum weder offen noch geschlossen, sondern «flach» ist, entspricht einer Materiemenge, die man die kritische Masse nennt. Ein flaches Universum wird ewig, wenn auch mit ständig abnehmender Geschwindigkeit expandieren.

Nach Schätzungen der Kosmologen macht die sichtbare Materie ungefähr 1 Prozent der kritischen Masse des Universums aus, was sie für erstaunlich halten, weil aus ihrer Sicht zwischen 1 und 100 Prozent praktisch kein Unterschied besteht. Nichtkosmologen erscheint das natürlich ziemlich absurd, aber Kosmologen bewegen sich in einer Welt numerischer Extreme. Die Zahl der Galaxien im Universum, die Zahl der Sterne in einer Galaxie und die Zahl der Atome in einem Stern enthalten alle so viele Nullen, daß es auf zwei wirklich nicht ankommt. Faktoren von hundert sind in der Kosmologie kleine Fische. Vom kosmologischen Standpunkt aus ist also der Umstand, daß das Universum nur hundertmal weniger und nicht, sagen wir, eine Milliarde oder eine Billiarde mal weniger Materie enthält, als für ein flaches Universum erforderlich wäre, zu gewichtig, um ein Zufall sein zu können. Nach Meinung der Kosmologen ist das Universum tatsächlich flach, entspricht die in ihm enthaltene Materiemenge der kritischen Masse und werden die Astronomen schließlich die fehlenden 99 Prozent finden, wenn sie nur weitersuchen. Deshalb freuen sie sich über die Anhaltspunkte für zusätzliche Materie, die Astronomen in den Bewegungen von Sternen und Galaxien entdeckt haben.

An diesem Punkt melden sich die Teilchenphysiker zu Wort. Um die verschiedenen Bestandteile der Materie in einem einheitlichen Bezugssystem zu erklären, haben sie eine Hierarchie von Theorien errichtet: Je weiter oben eine Theorie angesiedelt ist, desto mehr Experimentaldaten kann sie erfassen. Gelegentlich war es aus Gründen der theoretischen Einfachheit und Eleganz erforderlich, neue, scheinbar phantastische Teilchen einzuführen, so etwa die gebrochenzahlig geladenen Quarks, aus denen Protonen bestehen. Doch die Strategie war erfolgreich: Paradoxa sind gelöst, alte Theorien begradigt und in vielen Fällen die vorhergesagten Teilchen gefunden worden.

Natürlich haben sich die Theorien nicht alle auf Anhieb bewährt (so mußte das Quarkkonzept revidiert werden, als sich die Teilchen anfangs nicht zeigen wollten). Doch im großen und ganzen hat der Ansatz so häufig zum Erfolg geführt, daß die Physiker keine Zurückhaltung kennen, wenn es darum geht, neue Teilchen zu postulieren. Folglich wußten sie, was zu tun war, als sie vom Problem der dunklen

Materie hörten: Sie griffen auf ihren Vorrat hypothetischer Teilchen zurück, um die fehlende Masse zu erklären.

Zu den vorgeschlagenen Kandidaten gehören nur in der Theorie existierende Teilchen mit Namen wie Plancktonen und magnetische Monopole; Quarknuggets, elektroschwache Nuggets und seltsame Materie; Sneutrinos und schwere Neutrinos; Photinos, Higgsinos, Gravitinos, Neutralinos und Magninos; Axionen und Kosmionen; Polonyionen und Weyl-Vektorbosonen. Die Eigenschaften dieser Teilchen sind so verschieden wie ihre Namen phantastisch. Einige sind schwerer als die schwersten bekannten Moleküle, andere sind leichter als alles, was jemals gewogen wurde. Manche Kandidaten – die magnetischen Monopole zum Beispiel – beruhen auf soliden theoretischen Grundlagen und beschäftigen große Gruppen von Physikern in aller Welt; andere dagegen sind nur Eintagsfliegen. Manche Arten schwerer Neutrinos sollen schon wieder von der Liste gestrichen werden, während Plancktonen und Polonyionen so schwer nachzuweisen sind, daß wir wohl niemals in der Lage sein werden, ihre Existenz zu bestätigen oder auszuschließen. Das einzige Merkmal, das diese Teilchen gemeinsam haben, ist der Umstand, daß noch keines je gesichtet wurde.

Obwohl es vielleicht nicht den Anschein hat, ist der Klub der Anwärter für dunkle Materie sehr exklusiv. Mitglied kann nur ein Teilchen werden, das in die vorherrschenden Theorien der Materie und des Universums paßt. Es muß mit bekannten Teilchen wechselwirken, jedoch nur in schwacher Form, denn sonst hätte man es längst entdeckt. (Die Abkürzung WIMP für *weakly interacting massive particle* – schwach wechselwirkendes massereiches Teilchen – charakterisiert die Wechselwirkung einiger dieser Kandidaten.) Vor allem aber muß es das Teilchen in so unvorstellbar großer Zahl geben, daß es 99 Prozent aller Materie im Universum ausmacht.

Von all den imaginären Teilchen, die diese Voraussetzungen erfüllen, sind jene Kandidaten bei weitem am unheimlichsten, die unter der Gattungsbezeichnung Schattenmaterie zusammengefaßt werden. Dieser geheimnisvolle Stoff hat einzig und allein die Aufgabe, als Gravitationsquelle zu dienen. In jeder anderen Hinsicht zeigt er überhaupt keine Wechselwirkung mit gewöhnlicher Materie. Von der leichten Anziehung ihrer Gravitation abgesehen, bewegt sich die Schattenmaterie unsichtbar und unfühlbar wie ein Geist durch festes Material. Soweit wir wissen, durchquert sie in diesem Augenblick unseren Körper. Und genau da liegt der Haken: Soweit wir wissen, könnte in diesem Augenblick auch eine Herde Yali durch unseren Garten galoppieren. Im Reich der reinen Ideen ist alles möglich.

Alle Bemühungen, die Geheimnisse der dunklen Materie zu lüften, haben letztlich nur gezeigt, daß Spekulationen, die nur immer noch mehr Spekulationen hervorbringen, statt neue Beobachtungen und Experimente anzuregen, der Wissenschaft einen schlechten Dienst erweisen. Vielleicht wird es noch lange dauern, bis die Physiker wirklich wissen, was dort draußen ist, und die Antwort wird vielleicht noch seltsamer sein als alles, was sie bisher vorgeschlagen haben. Doch bis dahin sollten sie sich, statt sich in gelehrten Disputen über das, was sein könnte, zu verzetteln, mit der Tatsache abfinden, daß es Dinge gibt, die sie nicht verstehen. Als die Wissenschaft die Nebel von Mythos und Mystizismus zerstreute, die die Welt des Mittelalters verdunkelten, hat sie damit nicht nur scharf abgegrenzte Inseln des Wissens enthüllt, sondern auch grenzenlose Meere der Unwissenheit.

Wie die imaginären Geschöpfe, die die fernen Regionen mittelalterlicher Karten bewohnten, so erfüllen auch Schattenmaterie, Photinos, Higgsinos und die meisten anderen Teilchen der dunklen Materie eine Aufgabe, wenn auch eine, die wenig mit Wissenschaft zu tun hat. Sie sorgen dafür, daß eine geheimnisvolle Kraft etwas von ihrem furchterregenden Charakter verliert. Sie lassen ein Universum, das uns offenbar mit grenzenloser Gleichgültigkeit begegnet und unserer Verstandeskräfte spottet, etwas freundlicher erscheinen. Aber sie erklären gar nichts.

DIE SPANNUNGSMACHER

Die Villen mit ihren geschlossenen Fensterläden und der stille, türkisfarbene See lassen die schweizerische Stadt Lugano nahe der italienischen Grenze als eine Oase der Ruhe erscheinen. Doch fallen häufig und ohne Vorwarnung von Norden her Winde ein, die sich über den Alpengletschern eisig abgekühlt haben, und treffen auf warme Luftmassen, die vom Mittelmeer kommend das Po-Tal aufwärtsziehen. Das Ergebnis sind die heftigsten Gewitter des europäischen Kontinents. Diese meteorologische Besonderheit und nicht die herrliche Landschaft veranlaßte den jungen deutschen Physiker Kurt Urban, sich im Frühjahr 1927 von Berlin zum Gipfel des über Lugano aufragenden Monte Generoso zu begeben, wo er mit der Energie der Gewitterwolken den ersten Teilchenbeschleuniger betreiben wollte.

Die Anregung für Urbans Plan stammte von Ernest Rutherford, dem Entdecker des Atomkerns, der vor der Royal Society in London eine Rede über die Zukunft der subatomaren Forschung gehalten hatte. Um das Atom näher zu untersuchen, so hatte Rutherford gesagt, werde man mit elektrisch geladenen Teilchen in Atomkerne eindringen müssen. Nach Rutherfords Berechnungen brauchte man mindestens eine Million Volt zur Beschleunigung der Teilchen, und deshalb appellierte er an die Physiker, die Möglichkeiten zur Erzeugung solcher Energien zu schaffen.

In Urban reifte der Plan, Blitze zu zähmen, da sie von allen Naturerscheinungen auf der Erde die höchste Spannung besitzen. Über eine Schlucht am Monte Generoso zog der deutsche Forscher mit seinem Team ein sechshundert Meter langes Kabel. Das freie Ende eines geerdeten Drahtes wurde dann mit einem Flaschenzug bis zu einem Punkt emporgezogen, der achtzehn Meter vom Kabel entfernt lag. Schon bald wurden die in einer winzigen Warte zusammengedrängten Wissenschaftler durch den Anblick von Funken belohnt, die zwischen dem Kabel und dem geerdeten Draht hin- und hersprangen. Die für dieses Schauspiel verantwortliche elektrische Spannung schätzte Urban auf acht Millionen Volt, ein Weltrekord. Leider endete das Experiment, bevor ein einziges Teilchen in einen Atomkern eindringen konnte. Am 20. August 1928 stürzte Urban, als er eine Korrektur an der Versuchsanordnung vornehmen wollte, ab und brach sich das Genick.

Zwar beendete dieser Unfall das Projekt, doch die Suche nach Hochspannung hatte begonnen. Schon zu der Zeit, als Urban seine unglückselige Expedition zum Monte Generoso vorbereitete, waren Physiker in Amerika mit dem Versuch beschäftigt, künstliche Blitze im Labor zu erzeugen. Bei diesen frühen Bemühungen war die elektrostatische Maschine am erfolgreichsten, ein Gerät, das durch Reibung hohe elektrische Potentiale oder Spannungen erzeugt, also auf dem gleichen Prinzip beruht wie die unangenehmen Funken, die in trockener Winterluft entstehen, wenn sich die Kleidung am Plastiküberzug eines Autositzes reibt. Elektrostatische Beschleuniger erwiesen sich als höchst leistungsfähig und übertrafen Urbans Rekord schon bald.

Doch dann stieß das Wettrennen um Höchstspannung auf ein Hindernis von grundsätzlicher Art: Die gleichen physikalischen Gesetze, die die Erzeugung von Blitzen bestimmen, setzen auch ihrer künstlichen Erzeugung Grenzen. Wenn ein elektrostatischer Beschleuniger eine hinreichend hohe Spannung erreicht, kann kein Isolator die Entstehung elektrischer Bögen verhindern – unregelmäßige blitzähnliche Entladungen vom Apparat zur Erde. Aus diesem Grund vermag die elektrostatische Beschleunigung eine Spannung von etwa fünfundzwanzig Millionen Volt nicht zu überschreiten – ein Wert, der nicht ausreicht, um in die innersten Regionen des Atomkerns vorzudringen.

Wenn die Technik eine Grenze erreicht, die ihr die physikalischen Gesetze ziehen, hat es keinen Zweck, sie mit Gewalt überschreiten zu wollen. Fortschritt läßt sich nur durch einen Neubeginn erzielen, der andere Wege einschlägt. Auf diese Weise verfuhr man auch mit den elektrostatischen und mit späteren Beschleunigern, die in dem Bemühen um immer höhere Spannungen entwickelt wurden. Von Zeit zu Zeit revidierten die Physiker ihre Technik und waren so in der Lage, Beschleuniger zu entwickeln, die Millionen und später Milliarden Volt erzeugen konnten. Mit dem Supraleitenden Super-Collider (SSC) in der texanischen Wüste sollten gar zwanzig *Billionen* Volt erreicht werden. Zum Bedauern vieler Wissenschaftler ist das Milliardenprojekt 1993 dem Rotstift zum Opfer gefallen.

Der wissenschaftliche Reiz des SSC ist leicht zu verstehen. In der Maschine sollte ein Strom von Protonen – positiv geladenen Kernen des Wasserstoffatoms – zu einem nadeldünnen Strahl zusammengepreßt und, von vielen tausend starken Magneten geleitet, in einen identischen Strahl geschossen werden, der aus der entgegengesetzten Richtung auf ihn zukommt. Der Zusammenprall sollte winzige Feuerbälle entstehen lassen, die flüchtig ähnliche Temperatur- und Druckverhältnisse hervorrufen, wie sie Sekundenbruchteile nach dem Urknall im Universum geherrscht haben. Die Trümmer aus solchen Explosionen geben Hinweise auf den Ursprung und den Aufbau der Materie.

Der Baustop verdeutlicht, daß in der Teilchenphysik ein neues Zeitalter begonnen hat, denn die Kosten der Technik, auf der der Super-Collider beruht, drohen die Suche nach immer höheren Spannungen zu beenden. Den Beschleunigern ist also das gleiche Schicksal wie den Mammuts beschieden – sie werden an ihren gewaltigen Ausmaßen zugrunde gehen und aussterben.

Zum erstenmal in der Geschichte der Teilchenforschung liegen die Hindernisse, die der Erzeugung höherer Spannungen im Weg stehen, nicht im Bereich physikalischer Gesetze. Wenn die Suche nach dem innersten Wesen der Materie im 21. Jahrhundert fortgesetzt werden soll, müssen die Physiker andere Möglichkeiten zur Erzeugung hoher

Spannungen finden. Es ist wieder an der Zeit, nach neuen Wegen zu suchen.

Vielleicht hat die nächste Ära der Beschleunigungsphysik schon begonnen. Eine Arbeitsgruppe unter Leitung von Andrew M. Sessler an der University of California in Berkeley hat den Bau einer Maschine vorgeschlagen, die sie Relativistischen Klystron-Zweistrahl-Beschleuniger (RK/TBA nach der englischen Bezeichnung *relativistic klystron two-beam accelerator*) nennen. Der RK/TBA beschleunigt Elektronen, die fast zweitausendmal leichter als Protonen sind und sich deshalb sehr viel schneller bewegen. Folglich lassen sich die Merkmale und Leistungen der Maschine nicht direkt mit denen der Superbeschleuniger vergleichen. Trotzdem ist der Zweck des Apparates letztlich der gleiche wie der seiner größeren Verwandten: Kerne mit möglichst schnellen Projektilen zu beschießen.

Der RK/TBA beruht auf einem Konzept, das eigentlich am Anfang der Suche nach Höchstspannungen stand – dem der Resonanz. 1928, in dem Jahr, als Urban auf dem Monte Generoso verunglückte, beschloß Rolf Wideröe, ein aus Norwegen stammender Elektroingenieur an der Technischen Hochschule in Aachen, Teilchen nicht in einem gewaltigen Schritt, sondern stufenweise zu beschleunigen, wobei jede Stufe deutlich unterhalb der Grenze der Bogenbildung bleiben sollte. Sein Beschleuniger bestand aus einer kleinen Vakuumröhre, in die in regelmäßigen Abständen Kupferringe eingelassen waren. Jeder Ring war an eine externe Energiequelle angeschlossen. Der erste Ring besaß eine negative Ladung und zog folglich positiv geladene Atome in die Röhre hinein. Sobald die Atome den ersten Ring durchquert hatten, nahm dessen Ladung einen positiven Wert an, und die daraus resultierende Abstoßungskraft trieb die Atome weiter vorwärts. Nach kurzer Wegstrecke erreichten sie den zweiten Ring, dessen Ladung negativ wurde, damit der Beschleunigungszyklus erneut beginnen konnte. Auf diese Weise wurde die Geschwindigkeit der Atome Schritt für Schritt erhöht.

Wideröes Gegentaktmethode beruhte darauf, daß der Rhythmus, in dem die elektrischen Impulse an den Ringen eintrafen, exakt mit der Bewegung der Atome übereinstimmte. Nur die Atome, die im richtigen Moment die Ringe durchquerten – diejenigen, die mit der angelegten Spannung in Resonanz mitschwangen –, wurden beschleunigt. Stellen Sie sich zur Verdeutlichung eine flache Rinne vor, durch die Murmeln in regelmäßigen Abständen von Schaufelrädern vorwärtsgestoßen werden. Kommt eine Murmel zur rechten Zeit unter einem Rad an, so wird sie vorangetrieben. Wenn sie ein bißchen zu früh oder zu spät kommt, verfehlt sie die Schaufel und fällt zurück. Obwohl die Geschwindigkeit der Schaufeln gleich bleibt, beschleunigt sich der Strom der Murmeln auf seinem Weg durch die Rinne – auf ganz ähnliche Weise, wie ein Kind auf einer Schaukel von einer Reihe leichter Stöße hoch hinaufgetrieben wird, wenn die Stöße sich in Einklang mit der Schaukelbewegung befinden. Von diesem einfachen Prinzip ausgehend, erzeugte Wideröes Miniaturbeschleuniger vierzigtausend Volt.

Als die elektrostatische Beschleunigung an ihre Grenzen stieß, entsann man sich der Resonanzbeschleunigung. Die Maschinen wurden größer, leistungsfähiger und technisch immer komplizierter. Wideröes Ringe ersetzte man durch Hohlräume, sogenannte Resonatoren, die zwei Öffnungen zum Ein- und Austritt des Teilchenstroms aufweisen. Die Resonatoren erhalten ihre Energie nicht mehr von stromdurchflossenen Drähten, sondern von Rohren, die Mikrowellen leiten. Für ihre Erzeugung sind sogenannte Klystrone verantwortlich, Radioröhren, deren Name sich vom griechischen Verb für Wellenbrechen herleitet.

Ein Klystron ist ein Zylinder, in dem ein Elektronenstrom auf seinem Weg von einem Ende zum anderen kleine Wellen entwickelt. Kurz bevor sie das Ende der Röhre erreichen, werden die Wellen so groß, daß sie wie Wogen an einem Strand brechen und ihre Energie in Form von Mikrowellen abgeben. Ein moderner Elektronenbeschleuniger besteht aus einer langen Kette von Resonatoren, deren jeder von einem eigenen Klystron mit Mikrowellen versorgt wird. Diese wiederum beziehen ihre Energie aus dem normalen Stromnetz.

Neu an Sesslers Entwurf ist, daß er die herkömmliche Aufreihung von Einzelklystronen durch einen einzigen durchgehenden Klystron ersetzt. Die Maschine besteht aus zwei langen, geraden Vakuumröhren, die in regelmäßigen Abständen durch kurze Kupferrohre verbunden sind. Dabei ist die erste Röhre ein riesiger Klystron, der einen üppigen, pulsierenden Strom relativ langsamer Elektronen enthält, während die zweite Röhre als Verbindungsleitung für eine Reihe von Resonatoren dient, die einen weit dünneren Elektronenstrom auf eine hohe Geschwindigkeit beschleunigen. Fortwährend befördern Mikrowellen Energie aus der ersten in die zweite Röhre. Seine besondere Leistungsfähigkeit verdankt das Modell dem Umstand, daß es die kinetische Energie zu nutzen vermag, die bislang immer dann verpufft, wenn individuelle Elektronenstrahlen in herkömmlichen Beschleunigern an den Enden Hunderter von Einzelklystronen zerschellen.

Der gegenwärtig größte Elektronenbeschleuniger der Welt, der *Large Electron Collider* am CERN bei Genf, erzeugt zwei Strahlen von sechzig Milliarden Volt in einem ringförmigen Tunnel von siebenundzwanzig Kilometer Länge. Richtete man hingegen zwei gerade RK/TBA gegeneinander, würde diese Anordnung eine sechsmal so hohe Spannung entwickeln, und das bei einer Länge von nur gut drei Kilometern. Mit seiner Maschine verpflanzt Sessler die Kraft eines Mammuts in den Körper einer Maus.

Die Konstruktionsweise des RK/TBA läßt darauf schließen, daß wir es hier mit dem Prototyp einer neuen Beschleunigergeneration zu tun haben, auf die die von Wideröe geprägte Bezeichnung «Strahlentransformator» zutreffen würde. Gewöhnliche Transformatoren, wichtige Bauteile aller elektrischen und elektronischen Geräte, verwandeln hohe Spannungen in niedrige (von zweihundertzwanzig auf sechs Volt in einem Kassettenrecorder) oder niedrige Spannungen in hohe (wenn ich meine französische Kaffeemaschine in den Vereinigten Staaten benutzen will). Ihr Prinzip beruht weniger darauf, daß sie Energie erzeugen oder verbrauchen, als vielmehr auf der Umwandlung von Spannung in Strom oder elektrischer Quantität in Intensität und umgekehrt.

Ein Transformator, der die Spannung erhöht, besteht aus zwei Drahtspulen – der Primärspule, in der die Spannung niedrig bleibt, und der Sekundärspule, in der sich eine hohe Spannung entwickelt. Aus der Primärspule, die als oszillierender Elektromagnet wirkt, fließt Energie in die Sekundärspule, wo Elektronen durch die alternierende Magnetkraft beschleunigt werden. Um eine Vorstellung von einem Strahlentransformator zu gewinnen, müssen wir die elektrischen Ströme in Drähten nur durch Elektronenstrahlen in Vakuumröhren und die fluktuierenden Magnetfelder durch Mikrowellen ersetzen.

Vielleicht könnte der RK/TBA nicht nur eine neue Beschleunigergeneration begründen, sondern den Physikern auch helfen, aus der Sackgasse herauszukommen, in die sie die gegenwärtige Beschleunigerentwicklung geführt hat. Wie der Baustop für den Super-Collider zeigt, läuft die Teilchenphysik Gefahr, in ihrem weiteren Schicksal weitgehend von Politikern und anderen öffentlichen Entscheidungsträgern bestimmt zu werden.

Vor diesem Hintergrund ist der Gedanke beruhigend, daß kostengünstigere und leistungsfähigere Teilchenbeschleuniger in der Entwicklung sind. Die Erfindung des Strahlentransformators zeigt, daß ein halbes Jahrhundert, nachdem Kurt Urban auf den Monte Generoso kletterte, um die Energie von Blitzen einzufangen, immer noch neue Wege zur Erzielung von Höchstspannungen entdeckt werden können. Außerdem wächst damit die Wahrscheinlichkeit, daß die Physiker auch in Zukunft allein entscheiden können, wie die Suche nach den innersten Geheimnissen der Materie weitergehen soll.

DER BEGRIFF DES NICHTS

Einer alten Hindu-Kosmogonie zufolge begann das Universum mit dem alles durchdringenden Widerhall der magischen Silbe *om*. Aus diesem körperlosen Geraune entsprang die Welt, und sie wird so lange existieren, wie der Laut erklingt. Der Reiz der Geschichte liegt, wie ich finde, zum Teil in der Sanftheit, die diesen Prozeß im Vergleich zum Urknall auszeichnet, und zum Teil darin, daß wir selbst in der Lage sind, den Urlaut zu reproduzieren und damit den Schöpfungsprozeß zu wiederholen, wann immer der Geist über uns kommt. Mit einem Wort zu beginnen hat auch zutiefst menschlichen Charakter. Offenbar entspricht diese Idee dem menschlichen Empfinden so sehr, daß sie hier und da auch in der religiösen Überlieferung des Abendlandes auftaucht. «Im Anfang war das Wort ... und Gott war das Wort», heißt es zu Beginn des Johannes-Evangeliums, und die weite, dunkle Leere erbebte in der Verheißung der Menschwerdung.

Tat sie es wirklich? Nach physikalischem Verständnis besteht der Schall aus Wellen atomarer Schwingungen, die sich durch Stoffe wie Luft, Wasser oder Stein ausbreiten. Kein Beben irgendeiner Art kann ohne ein Medium auftreten – ohne etwas, das bebt. Folglich muß es Materie entweder vor dem Urwort gegeben haben, oder sie muß gleichzeitig mit ihm entstanden sein. Auf jeden Fall hält die Geschichte von der Schöpfung aus dem reinen Laut einer wissenschaftlichen Prüfung nicht stand.

Natürlich war sie so auch nie gemeint. Der Versuch, die moderne Physik mit einer viertausend Jahre alten religiösen Symbolwelt zu vereinen, wird den Absichten beider Bestrebungen nicht gerecht – nicht dem wissenschaftlichen Bemühen, Licht in die funktionalen Zusammenhänge der Welt zu bringen, und nicht dem religiösen Bemühen, uns den Sinn dieser Welt erschließen.

Trotzdem liegt im Kern dieser uralten Geschichte und meiner nicht ganz ernst gemeinten Kritik ein bedeutendes wissenschaftliches Rätsel. Denn der Begriff des Nichts, der den frühesten Kosmogonien zugrunde liegt, ist auch im modernen Gewand des Vakuums noch immer genauso verwirrend wie in grauer Vorzeit. Offenbar können wir nicht lange über das Vakuum sprechen, ohne ihm Eigenschaften zuzuschreiben oder irgendwelche Dinge in ihm zu entdecken. Immer wenn eine überzeugende Definition gefunden worden ist, was von Zeit zu Zeit geschieht, ergeben sich Anhaltspunkte, durch die Physiker sich veranlaßt sehen, das Vakuum mit kompliziertem begrifflichem Ballast zu befrachten. Dann wird der Ballast über Bord geworfen, und der Prozeß beginnt von vorn. Statt sich zu entwikkeln, bewegt sich das Konzept also im Kreis.

Noch 1986 hat ein Aufsatz in der Zeitschrift *Physical Review Letters* eine neuerliche Wendung dieser vielfach gewundenen Straße angekündigt: die Entdeckung eines – will man den Autoren Glauben schenken – *neuen* Vakuumzustands. Doch wie kann es verschiedene Vakuumzustände geben? Ist die Behauptung nicht absurd, eine Kaffeetasse könne verschiedene Zustände der Leere annehmen? Ist nichts denn nicht nichts?

Solange Wissenschaft und Philosophie verschwistert waren, brachte man dem Nichts nur theoretisches Interesse entgegen. Nach Parmenides, der um 500 v. Chr. die eleatische Philosophie und mit ihr den abendländischen Rationalismus begründete, ist das Universum mit allem, was es umfaßt, Teil einer einzigen ewigen Wirklichkeit, die er *Sein* nannte. Wie die Luft, die ja erhalten bleibt, nachdem der letzte Ton eines Brandenburgischen Konzerts in ihr verhallt ist, so ist auch das Sein etwas, das man denken und beschreiben kann. Nach dieser Auffassung läßt sich *Nichtsein* oder Nichtseiendes weder denken noch beschreiben und ist deshalb, so Parmenides, zu verwerfen. Andere, unter ihnen sein Schüler Leukipp, vertraten die gegensätzliche Auffassung: daß sich die Atome, aus denen die Materie besteht, nur bewegen können, wenn es eine Leere gibt, in die hinein sie sich bewegen können. Und so begann ein Begriffsstreit, der in der Philosophie bis auf den heutigen Tag anhält.

Als sich Anfang des 17. Jahrhunderts Experiment und logische Analyse zur modernen Wissenschaft verbanden, begann man, das Nichts empirisch zu untersuchen. Ermöglicht wurden diese frühen Versuche durch zwei Geräte. Das erste war das Barometer, ein dünnes Glasrohr, das man an seinem unteren Ende versiegelte und mit Quecksilber füllte, dann umdrehte und mit seinem offenen Ende in einen Behälter tauchte, der ebenfalls Quecksilber enthielt. Daraufhin fiel die Säule der silbrigen Substanz im Glasröhrchen um ein paar Zentimeter und ließ einen leeren Raum zurück. Da in diesen Raum keine Luft eindringen konnte, mußte, was dort zurückblieb, ein Vakuum sein – mit einem Restbestand von nur ein paar Atomen Quecksilberdampf. 1650 ergab sich mit der Erfindung der Luftpumpe eine praktischere Methode zur Herstellung des Vakuums. Das Instrument saugte wie eine riesige Injektionsspritze die Luft aus geschlossenen Gefäßen.

Damit war die alte Frage, ob es das Nichts gibt oder nicht, definitiv beantwortet. Barometer und Luftpumpe erzeugten die Abwesenheit von Luft, genauer: die Abwesenheit von Atomen und Molekülen. Obwohl die Herstellung eines absolut reinen Vakuums technische Probleme aufwirft, die nie ganz überwunden werden konnten (selbst in der raffiniertesten Versuchsanordnung und in den entlegensten Regionen des Universums sind stets ein paar verirrte Atome anzutreffen), können wir uns, ohne in philosophische Sackgassen zu geraten, einen Raum vorstellen, der absolut keine Atome enthält.

Aber ist dieser Raum wirklich Nichtseiendes? Ist es nicht denkbar, daß auch nachdem alle Atome aus dem Vakuum entfernt worden sind, noch etwas zurückbleibt? Und wie ist überhaupt Raum beschaffen, wenn man ihn in kleineren Maßstäben betrachtet? Was befindet sich in den Zwischenräumen, die die Atome fester Materie trennen?

Noch verwirrender: Was befindet sich *innerhalb* eines Atoms, zwischen der äußeren Elektronenhülle und dem Kern? Fragen wie diese stellten sich, als Physiker zu argwöhnen begannen, das Vakuum sei, obwohl in ihm jede Form herkömmlicher Materie fehlt, vielleicht doch nicht leer – eine merkwürdige und unerwartete Spekulation, die durch bestimmte die Natur des Lichts betreffende Entdeckungen ausgelöst wurden.

Ende des 19. Jahrhunderts meinte man, alle Wellen seien auf ein Medium angewiesen: Meereswellen auf Wasser, wogende Kornfelder auf Getreidehalme, die Schallschwingungen auf Luft, Metall oder Knochen. Wie James Clerk Maxwell in seiner vereinheitlichenden Theorie der Elektrizität und des Magnetismus bewies, besteht auch das Licht aus Wellen. Somit brauchte es nach damaliger Auffassung irgendein Substrat, um existieren zu können. Nun hat Licht aber die verwirrende Fähigkeit, scheinbar leere Räume, bar aller Atome, zu durchqueren. Das Sternenlicht reist durch ein riesiges himmlisches Vakuum zu uns. Oder nehmen wir ein näherliegendes Beispiel: Wenn wir die Luft aus einem Glasbehälter entfernen, in dem sich eine Glocke und eine Taschenlampe befinden, erstirbt der Klang der Glocke, während der Lichtstrahl weiterhin herausleuchtet.

Dieses Paradoxon war für die Physiker um die Jahrhundertwende ein großes Problem und veranlaßte sie schließlich, ein Medium für die Ausbreitung des Lichts zu erfinden – den Äther, von dem sie annahmen, er fülle den Raum bis hin zu den Lücken zwischen den Atomen und sogar zu der Leere in ihrem Innern. «Etwas» trat in der Vorstellung der Wissenschaftler an die Stelle von «nichts» – Äther im Vakuum.

Doch wie es häufig bei der begrifflichen Revision des Nichts geschieht, stieß man bei der Einführung dieses schattenhaften Etwas in die bis dahin unberührte Leere des Vakuums auf einen Widerspruch. Im allgemeinen wächst die Geschwindigkeit von Wellen mit der Festigkeit des Stoffes, durch den sie sich fortbewegen. Der Schall breitet sich beispielsweise in Stahl sehr viel schneller als in der Luft aus, weil die Atome einer starren Substanz durch starke Bindungen zusammengehalten werden, und stark gebundene Atome sprechen wie eng beieinanderliegende Billardkugeln empfindlicher auf die Bewegung ihrer Nachbarn an. Angesichts der außerordentlich hohen Lichtgeschwindigkeit müßte man also davon ausgehen, daß der Äther härter als ein Diamant ist. Wie aber kann das zutreffen, wo doch der Äther gleichzeitig überaus nachgiebig zu sein scheint und der Bewegung von Atomen, Vögeln und Planeten, die ihn durchqueren, nicht den geringsten Widerstand entgegensetzt?

Wie sich herausstellte, war der Äther experimentell ebenso schwer zu verifizieren, wie er sich theoretisch beschreiben ließ. Wenn die Bewegung des Lichts durch den Äther Wellen gliche, die die Meeresoberfläche kräuseln, dann müßte sich die wahrgenommene Lichtgeschwindigkeit nach der Bewegung des Beobachters richten. Beispielsweise mäße ein Physiker in einem Boot, das auf einer Meereswelle triebe, eine geringere Geschwindigkeit für diese Welle als ein Kollege, der sich in die entgegengesetzte Richtung bewegte. Entsprechend müßte die scheinbare Ausbreitungsgeschwindigkeit des Lichts im Äther davon abhängen, ob sich der Beobachter mit dem Licht oder gegenläufig bewegt. Man entwarf Experimente, um diesen Unterschied zu messen, kam aber in allen Fällen zum gleichen Ergebnis: Auswirkungen des Äthers waren nicht zu entdecken. Egal wie das Licht gemessen wurde, es bewegte sich stets mit der gleichen Geschwindigkeit. 1905 verkündete Albert Einstein schließlich, daß es den Äther nicht gibt und daß sich Lichtwellen im Unterschied zu anderen Schwingungsphänomenen ohne Medium ausbreiten. Das Vakuum war wieder leer.

Allerdings nicht sehr lange. In der Absicht, eine vollständige Beschreibung der Elektronen zu liefern, verband 1928 der britische Physiker Paul Dirac die neu entwickelte Quantentheorie, die für atomare Phänomene gilt, mit Einsteins Relativitätstheorie, die sehr schnelle Bewegungen erklärt. An einem bestimmten Punkt seiner Berechnungen mußte er die Quadratwurzel eines Terms ziehen, der die Energie des Elektrons darstellte. Die Quadratwurzel einer natürlichen Zahl kann einen positiven oder negativen Wert annehmen –

bei 4 zum Beispiel ist sie entweder + 2 oder − 2 –, und so sah sich auch Dirac zwei Lösungen für seine Gleichung gegenüber – einer, die positiver, und einer anderen, die negativer Energie entsprach. (Von den beiden grundlegenden Energiearten im Universum ist die kinetische Energie, die der Bewegung, stets positiv, während die potentielle Energie, die des Ortes – etwa die Position eines Objekts relativ zu einem elektromagnetischen Feld –, häufig negativ ist. Bei natürlich vorkommenden Atomen erweist sich die Summe beider, Gesamtenergie genannt, als positiv.) Diracs Lösung mit positiver Energie galt für Elektronen, deren Bewegung sie, wie beabsichtigt, beschrieb. Doch worauf bezog sich die negative Energie? Einige Kollegen empfahlen Dirac, die offenbar absurde Lösung nicht weiter zu beachten, doch das wäre weder mathematisch noch physikalisch zu rechtfertigen gewesen.

Statt die seltsame Lösung zu verwerfen, gelangten Dirac und einige mutigere Kollegen zu zwei Schlußfolgerungen. Erstens sagten sie vorher, es müsse in der Natur ein anderes Teilchen geben, der Masse nach dem Elektron ähnlich, doch nicht mit negativer, sondern mit positiver Ladung versehen (nicht zu verwechseln mit positiver und negativer Energie). Als ein paar Jahre später der amerikanische Physiker Carl Anderson das Positron entdeckte, sah sich Dirac im Glauben an seine Formeln bestätigt. Die zweite Schlußfolgerung dagegen warf erhebliche Probleme auf. Beim Umkreisen des Atomkerns suchen Elektronen, so wie Wasser stets bergab fließt, immer das niedrigste zur Verfügung stehende Energieniveau. Wenn beispielsweise ein Atom ein Elektron verliert, wird die Leerstelle von einem Elektron des Energieniveaus unmittelbar darüber besetzt. Doch wenn Diracs Theorie über negative Energie richtig wäre, gäbe es unter Null unendlich viele Energieniveaus, und alle Elektronen sänken am Ende auf diese Niveaus ab. Angesichts unserer Erkenntnisse über das Verhalten von Elektronen in Atomen ist diese Idee unfaßbar.

Mit diesem Dilemma konfrontiert, erklärte Dirac, Elektronen würden deshalb nicht auf negative Energieniveaus fallen, weil diese bereits besetzt seien. Der gesamte Raum quelle über von Elektronen, die negative Energie hätten und mit gewöhnlicher Materie nicht wechselwirken könnten. Nicht vom Nichts sei alles im Universum umgeben; vielmehr sei alles in ein den Sinnen unzugängliches, aber allgegenwärtiges Meer gefallener Elektronen getaucht, den sogenannten Dirac-See. Ein Vakuum gebe es nicht.

Davon ließen sich indessen nicht alle überzeugen. Beispielsweise mochte sich Richard Feynman nicht mit der Idee einer solchen unserer Wahrnehmung entzogenen Unendlichkeit von Teilchen abfinden, und er wies Diracs Elektronensee-Modell entschieden zurück. Doch charakteristischerweise war seine Lösung des Problems noch radikaler. Feynman stellte fest, daß der Term, der in Diracs Gleichungen die Energie des Elektrons beschreibt, häufig mit dem Zeitfaktor multipliziert wird. Es geht also nicht allein um E, sondern um Et. Nehmen wir also an, so schlug Feynman vor, nicht die Energie, sondern die Zeit sei negativ. Das Produkt Et unterscheidet nämlich nicht zwischen diesen beiden Interpretationen, da $(-E)$ mal $(+t)$ gleich $(+E)$ mal $(-t)$ ist. Nach dieser Auffassung entspricht Diracs Lösung mit negativer Energie einer Rückwärtsbewegung gewöhnlicher Elektronen in der Zeit.

Die Hypothese war an sich schon seltsam genug, aber Feynman ging noch einen Schritt weiter. Stellen wir uns einen Film vor, der ein Elektron in der Nähe eines Atomkerns zeigt. Da das Elektron eine negative Ladung besitzt, wird es vom positiv geladenen Kern angezogen. Läßt man diesen Film rückwärts laufen, schießt das Elektron vom Kern fort, als würde es von ihm abgestoßen. Und genauso verhält sich ein Positron. Feynman gelangte zu dem Schluß, daß Diracs Lösungen mit negativer Energie Elektronen beschreiben, die sich in der Zeit rückwärts bewegen, während sie uns als Positronen in Vorwärtsbewegung erscheinen. In diesem Modell gibt es weder negative Energieniveaus noch die gefallenen Elektronen, mit denen Dirac diese Niveaus einst füllte.

Die Trockenlegung des Diracschen Elektronensees hätte dem Vakuum eigentlich seine Leere zurückgeben müssen, doch Feynmans Interpretation ist nur im Kontext der Quantenmechanik möglich, deren Regeln – insbesondere das Unbestimmtheitsprinzip – besagen, daß sich gewisse Variablen, wie etwa die Energie, nicht genau festlegen lassen, sondern leicht fluktuieren. Im Feynmanschen Vakuum kann ein winziger Energiebetrag zufällig entstehen, und zwar in Gestalt eines von einem Positron begleiteten Elektrons (eine Paarung, die die elektrische Neutralität des Vakuums nicht verletzt). Ein Elektron-Positron-Paar bildet sich aus dem Nichts und verschwindet wieder, ohne eine Spur zu hinterlassen. Hier haben wir also ein Nichts, von dem sich nicht behaupten läßt, es sei vollkommen leer, ein Nichts, in dem «virtuelle» Elektron-Positron-Paare aufblinken und verlöschen wie Glühwürmchen in einer Sommernacht. Diese neue subatomare Leere, quantenelektrodynamisches Vakuum genannt, ist ein lebhafterer und freundlicherer Ort als der eisige Äther oder der bodenlose Dirac-See.

Es handelt sich überdies um einen Ort, dessen merkwürdigste Eigenschaft experimentell bestätigt werden konnte. Stellen wir uns vor, die Leere liegt zwischen einem Atomkern und der Region, in der sich die Elektronen befinden. Wenn dort ein virtuelles Paar erscheinen sollte – und wäre es noch so kurzfristig –, würde das Elektron leicht in Richtung Kern gezogen und das Positron fortgestoßen werden. Während seiner flüchtigen Existenz würde das Paar die elektrische Beschaffenheit des Kerns geringfügig verändern, das heißt, seine Ladung gegenüber jener etwas verringern, die er aufwiese, wenn das Vakuum wirklich leer wäre. Tatsächlich hat man nicht nur diese Ladungsverringerung gemessen, sondern auch nachgewiesen, daß ihre Größenordnung den Berechnungen exakt entspricht – mit einer Genauigkeit von einem Teil pro hundert Milliarden.

Mit dem Bau leistungsfähiger Teilchenbeschleuniger hat man neue Möglichkeiten gewonnen, die subatomare Leere zu erforschen. Wäre die von einem Kern ausgeübte elektrische Kraft groß genug, könnte ein virtuelles Paar, das in seiner Nähe aufblinkte, auseinandergerissen werden: Das Elektron würde so heftig vom Kern angezogen und sein Positron so rasch von ihm fortgeschleudert werden, daß die beiden keine Chance hätten, sich wieder zu vereinigen und in die Anonymität des Vakuums zurückzusinken. In einem solchen Fall tauchten ein Elektron und ein Positron wie aus dem Nichts auf und nähmen eine reale, dauerhafte Existenz an. Herkömmliche Atomkerne besitzen keine elektrische Ladung, die so groß ist, daß wir diese Vorhersage überprüfen können, doch wenn zwei schwere Kerne, etwa von Uran-Atomen, mit großer Geschwindigkeit aufeinanderprallen, haften sie kurzzeitig aneinander und bilden überschwere Kerne, die genügend Ladung besitzen, um ein virtuelles Paar auseinanderzureißen.

An einem Beschleuniger in Darmstadt sucht man seit mehreren Jahren nach der spontanen Erzeugung realer Paare aus dem Vakuum. Die Experimente sind schwierig, weil die Wolke aus gewöhnlichen Elektronen und Positronen, die sich bei heftigen Kernstößen bildet, den Effekt verdeckt. Doch Ende 1985 hatte das Darmstädter Team offenbar Erfolg: Im Vakuum wurden tatsächlich Elektron-Positron-Paare beobachtet. Man hatte erwartet, daß die Geschwindigkeit der Teilchen sich nach der Ladung des überschweren Kerns richtet, der sie aus dem Vakuum zieht: Je größer die Ladung, desto heftiger hätten sie angetrieben werden müssen. Statt dessen gingen die Paare aus allen Stößen, unabhängig von der Ladung, mit ungefähr der gleichen Geschwindigkeit hervor. In letzter Zeit sind viele Lösungen für das Problem vorgeschlagen worden, von denen vor allem eine unsere Aufmerksamkeit verdient: Etwas scheint falsch an unserer Vorstellung vom Vakuum zu sein.

Im Juli 1986 schlugen Keh-Fei Liu von der University of Kentucky sowie Louis S. Celenza, Vinod K. Mishra und Carl M. Shakin vom Brooklyn College einen neuen Vakuumzustand vor, um die verwirrende Invarianz der Teilchengeschwindigkeit zu erklären. Vor allem trugen sie die Hypothese vor, daß in dem starken elektrischen Feld, das einen überschweren Kern umgibt, das Vakuum einem Phasenübergang unterworfen ist – dem Prozeß, durch den sich eine Molekularkonfiguration unvermittelt und ohne erkennbaren Grund verändert. So verwandelt sich beispielsweise Wasser, wenn es auf null Grad Celsius abkühlt, plötzlich und ohne Einwirkung äußerer Faktoren in Eis.

Wenn Sie einen Eindruck davon gewinnen möchten, wie sich dieser Prozeß im Innern eines Atoms abspielt, dann stellen Sie sich das quantenelektrodynamische Vakuum als stillen See vor, aus dem Wassertropfen – virtuelle Paare – an nichtvorhersagbaren Orten und zu nichtvorhersagbaren Zeitpunkten aufspritzen. Ergänzen Sie dieses Szenario noch durch die Möglichkeit, daß sich die Oberfläche des Sees von Zeit zu Zeit in eine Eisdecke verwandelt. Auch dann noch können Teilchen unerwartet hochspringen, aber Eissplitter unterscheiden sich natürlich von Wassertropfen. Die Pendants, die in der neuen Vakuumphase den ursprünglichen Teilchen entsprechen, nennt man Quasielektronen und Quasipositronen. Theoretisch würde ein virtuelles Paar von Objekten dieser Art die unerwarteten Ergebnisse der Elektron-Positron-Experimente in Darmstadt erklären. Die grundsätzliche Frage – wie das Vakuum seinen Zustand verändert hat, wenn dies denn tatsächlich geschehen ist – bleibt unbeantwortet.

Mit dieser neuen Folge von Spekulationen ist das Vakuum wieder so überfüllt und unübersichtlich geworden, daß wir wohl abermals dem Beispiel des Parmenides folgen und das Konzept ganz verwerfen oder es in Einsteins und Feynmans Geiste von seinem Ballast befreien müssen. Allerdings sollten wir uns über das Ergebnis von Bemühungen der zweiten Art keine Illusionen machen. Egal wie gründlich wir auch aufräumen würden, das Vakuum bliebe nicht lange leer. «Die Natur scheut das Vakuum», schrieb der holländische Philosoph Baruch Spinoza.

Da hat er sich möglicherweise getäuscht, denn die Natur ist gleichgültig. *Wir* sind es, die das Vakuum scheuen, die vor der Lautlosigkeit der Leere zurückschrecken wie vor einem offenen Grab. Ein tiefverwurzelter Drang zwingt uns, das Vakuum, zumindest in unserer Vorstellung, aufzufüllen. Wir stopfen es aus mit Äther, Elektronen negativer Energie, virtuellen Paaren oder Quasiteilchen – so wie unsere Vorfahren es mit einem schwingenden, tröstlichen *om* füllten.

EIN KRÄUSELN IN DER GRAVITATIONSLINSE

In dem Buch *The Velveteen Rabbit* berichtet Margery Williams, wie die Stofftiere eines kleinen Jungen wirklich werden – nicht lebendig, sondern wirklich. Zu Beginn der Geschichte fragt das Kaninchen, was das wohl bedeute: «Heißt das, daß man innendrin Sachen hat, die brummen?» Nein, erwidert ein älteres, klügeres Spielzeugtier, wirklich zu werden hänge nicht davon ab, wie man beschaffen sei. «Es geschieht mit einem... Das passiert nicht plötzlich. Du wirst es. Es dauert lange.»

Dieser klassischen Kindergeschichte zufolge heißt also wirklich werden, daß man für einen Menschen manifest wird – und damit eine Bedeutung für ihn bekommt. Im Laufe der Zeit geschieht dies auch mit dem Kaninchen. Während es bisher ein beliebiges Stofftier war, ununterscheidbar von zahllosen anderen Exemplaren seiner Gattung, so rückt es nun ins Zentrum der liebevollen Aufmerksamkeit des Jungen und wächst dadurch über sich – seine Natur als bloßes Artefakt – hinaus. Die Verwandlung findet nicht im Kaninchen, sondern in der Wahrnehmung seiner durch den Jungen statt.

Eine ähnliche Veränderung erleben Physiker in ihrer Einstellung zu einer der fundamentalsten, aber auch unzugänglichsten Eigenschaften der Natur – dem Gravitationsfeld. Eine erste wissenschaftliche Definition der Gravitation lieferte Newton, indem er sie als Fernwirkung beschrieb: Alle materiellen Objekte ziehen einander an, unabhängig davon, welches Medium sich zwischen ihnen befindet oder ob überhaupt eines vorhanden ist. Mit einer einfachen Gleichung, dem allgemeinen Gravitationsgesetz, beschrieb Newton diese Anziehung durch das Produkt zweier Terme. Der erste Term hängt von der Masse des angezogenen Objekts ab, sagen wir eines Apfels, der zu Boden fällt. Der zweite Term ist vom ersten unabhängig und gilt, egal ob es sich beim fallenden Objekt um einen Apfel oder den Mond handelt. Man bezeichnet ihn als Schwere- oder Gravitationsfeld, in unserem Beispiel als das der Erde.

Obwohl man mit seiner Hilfe so augenfällige Phänomene erklärt wie Äpfel, die von Bäumen fallen, Planeten, die die Sonne umkreisen, und jede andere regelmäßige Bewegung im Universum, ist das Gravitationsfeld eines massereichen Objekts ein mathematisches Artefakt. Seine physikalische Bedeutung ist der Routenkarte einer Fluggesellschaft vergleichbar. So wie es die Karte ermöglicht, Entfernungen zu messen und Reisezeiten abzuschätzen, hilft das Gravitationsfeld dem Physiker, natürliche Ereignisse vorherzusagen, und zwar außerordentlich exakt. Aber diese Möglichkeit, präzise Vorhersagen zu treffen, nimmt dem Gravitationsfeld nichts von seiner Abstraktheit.

Seit Newtons Zeit hat sich das Verständnis des Gravitationsfeldes erheblich gewandelt. Hauptverantwortlich für die Veränderung war Einstein, der das Feld in seiner allgemeinen Relativitätstheorie mit der Raumzeit gleichsetzte. Danach ziehen sich Objekte nicht durch eine fernwirkende Kraft an, sondern folgen in ihren Bewegungen einfach den gebogenen Linien der Raumzeit, die ihrerseits durch die in sie eingebetteten Massen gekrümmt wird. Obwohl Einsteins radikal modifizierte Auffassung der Gravitation zu umfassenderen physikalischen Aussagen führte als Newtons Modell, war auch die allgemeine Relativitätstheorie nicht in der Lage, das Feld zu konkretisieren. Schließlich sind auch Raum und Zeit Abstraktionen und gewinnen ihre Bedeutung erst durch die Zollstöcke und Uhren, mit denen sie gemessen werden. Was die Raumzeit «an sich» auch immer sein mag, sie bleibt den Sinnen verschlossen; das gilt auch für das durch sie erzeugte Gravitationsfeld. Und nichts, was die Physik seit der Einführung der allgemeinen Relativitätstheorie vor achtzig Jahren in Erfahrung gebracht hat, vermag an dieser Feststellung etwas zu ändern.

Jetzt wird das Gravitationsfeld jedoch greifbar – so real wie gewöhnliche, feste Materie. Dabei ergeht es dem Feld wie dem Stoffkaninchen: Es verändert sich nicht. Die Wandlung betrifft unsere Wahrnehmung, unser Verständnis des Feldes. Verantwortlich für diese Metamorphose sind die astronomischen Untersuchungen eines Phänomens, das man als Gravitationslinseneffekt bezeichnet – die großräumige Beugung von Lichtstrahlen. In diesen Beobachtungen wird das Gravitationsfeld endlich manifest, und zwar als veränderliches, sich kräuselndes Kontinuum, das sich durch das Universum erstreckt, ein Feld, das alles passierende Licht beugt, bündelt und auf andere Weise ablenkt. Ein solches Medium darf mit Fug und Recht als wirklich bezeichnet werden.

Eingehender wurde die Beugung von Lichtstrahlen durch Gravitation erstmals 1804 in der deutschen Zeitschrift *Astronomisches Jahrbuch* erörtert. Dort trug der bayerische Geodät Johann Georg von Soldner die spekulative Hypothese vor, die Bahn eines Lichtstrahls aus einer fernen Quelle werde gebeugt, wenn er auf seinem Weg zur Erde einen Stern streife. Von Soldner übernahm Newtons Auffassung, nach der Licht aus unzähligen winzigen Teilchen besteht, und fand weitere Unterstützung für seine Ansicht in den Werken des römischen Dichters Lukrez, der in der Schrift *Die Natur der Dinge* die griechische Atomlehre aufgriff: «Ferner gibt es ja nichts, was als völlig verschieden vom Körper/Nennen sich läßt und zugleich nicht minder vom Leeren geschieden,/Was sich gleichsam als dritte Natur zu den andern gesellte.» Daraus folgerte von Soldner, das Licht, das die Erde erreiche, müsse aus *etwas* (einem Körper) bestehen und deshalb dem Gravitationseinfluß des Sterns genauso unausweichlich unterworfen sein wie ein Wasserfall oder ein Hagel von Kanonenkugeln. Um die Ablenkung zu berechnen, brauche man die Beschaffenheit der Teilchen nicht zu kennen, da alle Gegenstände unabhängig von ihrem Gewicht mit der gleichen Geschwindigkeit fielen. Für Sternenlicht, das den Rand der Sonne streift, errechnete von Soldner, orientiert am Newtonschen Konzept des Gravitationsfeldes, 0,84 Bogensekunden Winkelabweichung von einer Geraden, ein Wert, der zu klein war, um ihn mit den Fernrohren jener Zeit zu entdecken. Und davon abgesehen ist die Sonne so hell, daß Objekte, deren Licht in ihrer unmittelbaren Nähe strahlt, nicht beobachtet werden konnten. Zum Schaden der Astronomie geriet von Soldners Aufsatz in Vergessenheit.

Mehr als ein Jahrhundert später, im Jahre 1911, veröffentlichte Einstein, in Unkenntnis jener früheren Berechnungen, haargenau des gleiche Ergebnis, zu dem er auf demselben Weg gelangt war. Allerdings fügte er den höchst sinnreichen Vorschlag hinzu, man möge den Effekt während einer Sonnenfinsternis beobachten, wenn die Helligkeit der Sonne gedämpft werde und die Sterne an ihrem Rand sichtbar würden. Die Mitglieder der deutschen Expedition, die nach Rußland reisten, um die totale Finsternis vom 21. August 1914 zu beobachten, wurden als Kriegsgefangene verhaftet, bevor sie ihre Beobachtungen vornehmen konnten, so daß die Von-Soldner-Einstein-Vorhersage nicht überprüft werden konnte. Doch das war ein glücklicher Umstand, zumindest soweit es die Belange der Wissenschaft betraf, denn der vorhergesagte Wert war falsch.

1916, vor dem Auftreten der nächsten geeigneten Sonnenfinsternis, veröffentlichte Einstein eine neue Berechnung, diesmal auf der Grundlage der allgemeinen Relativitätstheorie. Die Theorie ging von einem neuen Konzept des Gravitationsfeldes aus – einem Konzept genau jener Art, die Lukrez verwirft: Das Feld ist weder Vakuum noch Materie, sondern eine «dritte Natur». Nach der neuen Berechnung erwies sich der Winkel der Ablenkung des Sternenlichts durch die Sonne als genau doppelt so groß wie der frühere Wert. Vereinfacht ausgedrückt, ergab sich der zusätzliche Betrag aus dem Einfluß der Schwerkraft auf die Zeit, ein Gesichtspunkt, der vorher nicht berücksichtigt worden war.

So gering die Abweichung auch erscheinen mochte, sie war doch von Bedeutung, denn sie zeigte nicht nur, wie sehr sich Einsteins Gravitationstheorie von der Newtons unterschied, sondern erleichterte es den Wissenschaftlern auch, die Ablenkung zu messen. 1919, drei Jahre später, bestätigten Beobachtungen einer Sonnenfinsternis in Brasilien und auf der Insel Principe vor der Westküste Afrikas Einsteins Vorhersagen über die Auswirkungen des Gravitationsfeldes. Mehrere Dutzend Sterne, deren Positionen bekannt waren, schienen am Himmel um den vorhergesagten Wert verlagert zu sein, als ihr Licht nahe der Sonne vorbeikam. Über Nacht wurde Einstein berühmt und die Raumzeit zum Schlagwort.

Im Prinzip braucht man nichts als Einsteins einfache Formel, um den Einfluß eines beliebigen Sterns oder irgendeiner Galaxie auf die Lichtstrahlen zu bestimmen, die das Universum durchkreuzen. In der Praxis sind die Abweichungen jedoch so winzig und die begleitenden Berechnungen so aufwendig, daß der Effekt bis in jüngste Zeit nur in der Umgebung der Sonne beobachtet werden konnte. Diese Beschränkungen sind heute aufgehoben. Moderne Teleskope, die mit empfindlichen elektronischen und fotografischen Detektoren ausgerüstet sind, sowie Großrechner, die die Auswertung astronomischer Daten außerordentlich beschleunigen, helfen den Wissenschaftlern, ein klareres Bild von großräumigen Gravitationsphänomen zu gewinnen. Der Himmel ist, so scheint es, sehr viel lebendiger, als er in früheren Zeiten wirkte. Die Gravitationsfelder der Objekte zwischen der Erde und fernen Lichtquellen beugen das Licht nicht nur, sondern wirken auch als riesige, unregelmäßige Linsen, die die Strahlen auf vielfältige Weise verzerren. Manchmal krümmt sich das Licht gleichzeitig um beide Seiten der intervenierenden Masse und liefert auf diese Weise zwei Bilder eines Objekts. Erstmals stieß man auf diesen Effekt 1979, als man einen Doppelquasar entdeckte. In Wahrheit war die Lichtquelle ein einzelner Quasar, ein fernes Objekt, das seine gewaltige Energie, wie man vermutet, aus einem Schwarzen Loch in seinem Zentrum bezieht. Die Linse war eine intervenierende Galaxie.

Noch merkwürdiger als das Doppelbild ist das Bild einer Quelle, die direkt hinter einem massereichen Objekt liegt. In diesem Fall erscheint die Lichtquelle als Ring, der das kompakte Objekt umgibt. Das klingt ungewöhnlich – und doch läßt sich derselbe Effekt auch mit gewöhnlichen Objekten erzielen: Zeichnen Sie auf ein weißes

Blatt Papier einen dicken schwarzen Punkt, der die ferne Lichtquelle darstellt. Nun setzen Sie ein leeres Weinglas so auf das Papier, daß die Mitte des Fußes auf dem Fleck steht. Blickt man durch den oberen Teil des Glases oder am unteren Abschnitt des Stieles vorbei (und dreht man das Glas dabei ein wenig), so wird sich ein kreisförmiges Bild des Flecks abzeichnen.

Einstein selbst beschrieb die kosmische Version dieses Effekts 1936 in einem kurzen Beitrag für die Zeitschrift *Science*, den er mit der Feststellung ausklingen ließ, die Chance, dieses Phänomen zu beobachten, sei nicht groß. Doch ein halbes Jahrhundert später haben unabhängig voneinander die französische Astronomin Geneviève Soucail und ihre Mitarbeiter vom Observatoire de Toulouse, Vahé Petrosian von der Stanford University und Roger Lynds vom Kitt Peak National Observatory riesige Lichtbögen entdeckt, die man inzwischen als partielle «Einsteinringe» interpretiert hat. Solche Ringe und die sichelförmigen Gebilde, die auftreten, wenn die Quelle nicht genau im Mittelpunkt des als Linse wirkenden Objekts liegen, sind Sonderfälle optischer Bilder, die man Kaustiken nennt – keine Brennpunkte, sondern Brennflächen. Ein vertrautes Beispiel für eine Kaustik ist die helle Sichelform, die im Innern eines Eherings erscheint, wenn man ihn auf eine ebene Fläche legt und das Licht schräg einfällt.

Theoretisch ist es kein Problem, die Kaustiken vorherzusagen, die durch den Gravitationslinseneffekt entstehen. Zuerst nimmt man an, daß Massen aller Art im Vordergrund verteilt sind. Dann bestimmt man den Gang simulierter Lichtstrahlen eines, sagen wir, Hintergrundquasars durch die intervenierenden Massen. Für zahlreiche Punkte dieses Weges berechnet man die Abweichung, die durch den Lichteffekt hervorgerufen wird. Daraufhin kann man den nächsten Wegabschnitt bestimmen. Der Prozeß wird so lange wiederholt, bis man genügend Strahlen hat, um aus ihnen ein Bild zu konstruieren, das man dann mit dem Teleskop suchen kann.

Mit dieser Methode der Strahlengangsbestimmung hat Descartes im 17. Jahrhundert die Beschaffenheit des Regenbogens erklärt. Um die Argumentation zu vereinfachen, stellte er sich einen kugelförmigen Regentropfen vor, der von einer großen Zahl paralleler Sonnenstrahlen getroffen wird. Nach den Gesetzen, die Reflexion und Brechung des Lichts durch Wasser bestimmen, zeichnete Descartes den Weg nach, den die Strahlen nehmen, wenn sie in den Tropfen eintreten, an seiner hinteren Fläche abprallen und ihn durch die Vorderseite wieder verlassen. Auf diese Weise würden sie, so schrieb er, in die Farben zerlegt, aus denen sie zusammengesetzt sind.

Da das Licht von Quasaren aus allen Richtungen eintrifft und da die Astronomen von einer zufälligen Verteilung der für die Ablenkung verantwortlichen Materieklumpen ausgehen, ließe sich Descartes' Verfahren auf keinen Fall von Hand durchführen. Aber heute stehen uns ja Supercomputer zur Verfügung. Kaustiken, die durch die Auswirkung komplexer Materieverteilung zustande kommen, sind detailliert simuliert worden, wobei sich herausgestellt hat, daß sie nicht nur die Form von Ringen, Halbmonden und Sicheln, sondern auch von Ovalen, Diamanten, Kleeblättern oder Girlanden annehmen können. Nach und nach findet man immer mehr Hinweise auf das Vorkommen solcher Bilder am Himmel.

Könnten wir mit bloßem Auge sehen, was sich immer deutlicher in modernen Teleskopen abzeichnet, so wäre der Nachthimmel nicht mehr die umgestülpte, mit Perlen besetzte schwarze Schüssel, die uns vertraut ist. Er wäre viel heller und gliche der windgeriffelten Oberfläche eines Sees, auf der sich die Lichter einer fernen Stadt spiegeln. Wie ein Gewirr von Punkten, Streifen und Flächen, die das Licht auf eine reich gemusterte Tapete wirft, sähe dieser Himmel aus. Bei der Untersuchung eines Bildes ließe sich nicht entscheiden, ob es seine Form der ursprünglichen Lichtquelle oder den besonderen Eigenschaften intervenierender Gravitationsfelder verdankt. Der einzige Unterschied zwischen dem Erscheinungsbild der Seeoberfläche und dem des Nachthimmels liegt darin, daß ersteres auf Reflexion und letzteres auf Brechung beruht.

Das Gravitationsfeld – und mit ihm das Muster, das es in den Himmel zeichnet – ist nicht statisch. Erde, Sonne und Galaxien bewegen sich relativ zueinander. Zu weiteren Veränderungen kann es durch

Gravitationswellen kommen, die durch das All wandern wie Wogen über den Ozean. Gravitationswellen, den Lichtwellen analog, folgen aus der allgemeinen Relativitätstheorie. Wenn die Theorie stimmt, muß es diese Wellen geben. Bislang haben wir nur indirekte Anhaltspunkte für ihre Existenz. So läßt sich die spiralförmig nach innen gerichtete Bewegung von Neutronensternen, die einander umkreisen, ihrem Energieverlust durch Emission von Gravitationswellen zuschreiben. Viele Physiker und Astronomen sind jedenfalls der festen Überzeugung, daß diese Wellen bald im Labor nachgewiesen werden. Da sie Schwingungen in Stärke des Gravitationsfeldes aufweisen, beeinflussen die Wellen den Linseneffekt des Feldes.

Die Einsicht in diese Verbindung zwischen Linseneffekt und Gravitationsfeld führte zu kühnen Spekulationen. Bruce Allen von der University of Wisconsin in Milwaukee hat kürzlich eine Methode zur Messung von Gravitationswellen vorgeschlagen, die sich des Gravitationslinseneffektes bedient. Als Beispiel wählte er das quasistellare Objekt 0957 + 561, einen Quasar, dessen Bild durch eine Galaxie verdoppelt wird. Die Helligkeit der beiden Bilder vergrößert und verringert sich in ähnlichen Rhythmen, aber die Schwankungen des einen hinken hinter denen des anderen um 415 Tage hinterher. Diese Verzögerungen führen die meisten Astronomen auf unterschiedliche Weglängen der Strahlen zurück; Allen hingegen schlug eine andere Erklärung vor.

Man nehme an, so Allen, eine Gravitationswelle durchquere die Masse, die das Schwerefeld verursacht und als Linse wirkt. Man nehme weiter an, die Welle habe einen Kamm in der Nähe eines Lichtstrahls des Quasars und ein Tal in der Nähe eines anderen Strahls. Dann gliche die Linse dem Fuß eines Weinglases, der auf der einen Seite dichter als auf der anderen ist. Da ein starkes Gravitationsfeld einen Lichtstrahl genauso abbremse wie ein dickes Glas, träfen die beiden Lichtstrahlen vom Quasar zu verschiedenen Zeiten ein. Mithin könne eine solche gemessene Zeitverzögerung Indiz für eine Gravitationswelle sein. Wie Allen feststellte, läßt sich die Methode auch dann noch anwenden, wenn man alle denkbaren Anordnungen von Kämmen und Tälern in Rechnung stellt. Seinem Artikel gab er den Titel «Gravitational Lenses as Long-Base-Line Gravitational-Wave Detectors», als handle es sich bei den betreffenden Linsen um geschliffene Glasstücke und nicht um ferne Objekte von kosmischen Ausmaßen.

Doch läßt sich der Gravitationslinseneffekt nicht nur für die Entdeckung von Gravitationswellen nutzen; vielmehr folgt zugleich aus ihm, daß wir, in einem ganz wesentlichen Sinne, das Schwerefeld wahrnehmen können. Wie bemerkt ein Taucher das Wasser, das ihn umgibt? Wenn er aufblickt, sieht er, wie es das Tageslicht verzerrt. So ist selbst absolut klares Wasser für ihn sichtbar. Natürlich wird dieser optische Beweis noch durch den Tastsinn gestützt: Der Taucher spürt, wie das Wasser gegen seine Haut drückt.

Das Gravitationsfeld ist vollkommen analog: Durch die Art, wie es das hindurchströmende Licht bricht, können wir es sehen, und durch die Kraft, die es auf unseren Körper ausübt, können wir es spüren. Das Feld umschließt und trägt uns wie ein Ozean, und in dem Maße, wie es der Wahrnehmung zugänglich wird, wird es wirklich. Und diese Entwicklung läßt sich nicht zurückschrauben. «Wenn du erst einmal wirklich bist», erfährt das Plüschkaninchen, «kannst du nicht wieder unwirklich werden.»

ÄSTHETISCHE GLEICHUNGEN

Ende Mai 1925 hielt sich der junge deutsche Physiker Werner Heisenberg auf Helgoland auf, um sich von einem schweren Heuschnupfen zu kurieren. Er arbeitete dort an einer neuen Methode, die Energieniveaus von Atomen zu berechnen. Dabei legte er nicht nur die Gesetze der klassischen Mechanik zugrunde, sondern auch die damals noch junge Erkenntnis, daß im atomaren Bereich Energie in diskreten Bündeln, sogenannten Quanten, auftritt.

Eines Abends beschloß er zu überprüfen, ob seine Werte für die Energieniveaus dem Satz von der Erhaltung der Energie gehorchen – eine notwendige Voraussetzung jeder vernünftigen Theorie. (Nach diesem Gesetz kann Energie weder erzeugt noch vernichtet, sondern nur von einer Form in eine andere umgewandelt werden.) Später hat Heisenberg geschildert, was ihm widerfahren ist:

«Als sich bei den ersten Termen wirklich der Energiesatz bestätigte, geriet ich in eine gewisse Erregung, so daß ich bei den folgenden Rechnungen immer wieder Rechenfehler machte. Daher wurde es fast drei Uhr nachts, bis das endgültige Ergebnis der Rechnung vor mir lag. Der Energiesatz hatte sich in allen Gliedern als gültig erwiesen, und – da dies ja alles von selbst, sozusagen ohne jeden Zwang herausgekommen war – so konnte ich an der mathematischen Widerspruchsfreiheit und Geschlossenheit der damit angedeuteten Quantenmechanik nicht mehr zweifeln... Ich hatte das Gefühl, durch die Oberfläche der atomaren Erscheinungen hindurch auf einen tief darunter liegenden Grund von merkwürdiger innerer Schönheit zu schauen.»

Zu aufgeregt, um an Schlaf denken zu können, ging Heisenberg daraufhin an den Strand, kletterte auf eine Klippe und erwartete den Sonnenaufgang.

Anders, als herkömmliche Vorstellungen vom Fortschritt in der Wissenschaft es nahelegen, war Heisenberg zur Bestätigung seiner Theorie auf keine Experimentaldaten angewiesen; die folgten später. Die Gewißheit, daß er auf dem richtigen Weg war, gewann er vielmehr aus der Eleganz, Geschlossenheit und inneren Schönheit seines Vorgehens – aus ihren ästhetischen Eigenschaften also. Zehn Jahre zuvor hatte Albert Einstein seine Gravitationstheorie nach ähnlichen Gesichtspunkten entwickelt. In der allgemeinen Relativitätstheorie, wie sie später genannt werden sollte, wird Gravitation durch die Geometrie der vierdimensionalen Raumzeit beschrieben, in der wir leben. Einstein postulierte seine Gleichungen auf ästhetischer Basis: Sie waren einfach, in sich geschlossen und vermittelten wie Kunstwerke ein Gefühl der Stimmigkeit. «Dem Zauber dieser Theorie wird sich kaum jemand entziehen können, der sie wirklich erfaßt hat», schrieb Einstein 1915, als er seinen großen Wurf der Öffentlichkeit vorlegte. Damals fehlte fast jeder experimentelle Beweis für die Theorie. Nur ein einziger Anhaltspunkt, eine winzige Anomalie in der Umlaufbahn des Merkur, verankerte Einsteins kühne Spekulation im Reich der Tatsachen.

Heute sehen sich die Teilchenphysiker einem experimentellen Dilemma gegenüber, das noch schlimmer ist als jenes, mit dem sich Einstein herumzuschlagen hatte. Seit Mitte des 20. Jahrhunderts orientieren sich die theoretischen Physiker an den Daten, die ihnen die großen Beschleuniger liefern: an den physikalischen Eigenschaften der Teilchen, die sich in den Kollisionen von Atomkernen zeigen, an den Richtungen und Geschwindigkeiten der entstehenden Fragmente, den Veränderungen der Prozesse bei wachsender Energie und vielem mehr. Als man die Teilchen nach ihren Massen, elektrischen Ladungen und anderen Eigenschaften ordnete, traten regelmäßige Muster auf, die den Weg zu neuen Teilchen wiesen. Die mathematischen Beschreibungen dieser Muster führten zu der Vorhersage, daß es noch elementarere Bausteine geben müsse. Auch sie wurden gefunden und auf den Namen «Quarks» getauft. Gegenseitig befruchteten sich Theorie und Experiment und hielten miteinander Schritt. Doch schließlich wurden Beschleunigungsexperimente so zeitraubend und kostspielig, daß die theoretischen Physiker ihren Kollegen von der experimentellen Fraktion mit weiten Schritten davoneilten.

Heute hat die Theorie einen Riesenvorsprung gegenüber dem Experiment. In abgelegene Regionen hat sie sich vorgewagt. Der jüngste Kandidat für eine einheitliche Beschreibung aller Kräfte und aller Materie, die sogenannte String-Theorie, hat sich von jeglicher experimentellen Überprüfbarkeit so weit entfernt, daß man sie eine Theorie des 21. Jahrhunderts genannt hat, die zufällig im 20. entdeckt wurde. Durch die Annahme, alle beobachteten Teilchen seien unterschiedliche Manifestationen derselben fundamentalen Entität, vereinfacht diese Theorie die Physik. Allerdings sagt sie auch vorher, daß eine Verschmelzung der Teilchenidentitäten nur unter Wärme- und Druckverhältnissen zu beobachten sei, die sich mit den gegenwärtigen technischen Möglichkeiten und denen der absehbaren Zukunft nicht verwirklichen ließen. Heute gibt es für die String-Theorie weit weniger Anhaltspunkte, als sie 1915 für die allgemeine Relativitätstheorie vorlagen.

Verfechter der Theorie rechtfertigen sie mit ihrer Eleganz, Geschlossenheit und Schönheit. Beispielsweise gehört es zu ihren Vorzügen, daß sie die allgemeine Relativitätstheorie mit der Quantenmechanik verbindet. Obwohl es kein Naturgesetz gibt, nach dem diese beiden Theorien, die eine für die Mikrowelt und die andere für das großräumige Universum zuständig, auf einen Nenner zu bringen sind, ist die doppelte Hoffnung auf Einheit und Einfachheit – beides ästhetische Kriterien – so stark, daß die Theoretiker sich seit fünfzig Jahren um eine Quantentheorie der Gravitation bemühen – bislang ohne Erfolg. Kein Wunder, daß sie von der String-Theorie, ungeachtet ihrer Laborferne, sehr beeindruckt sind. Dabei ist ihr Leitprinzip jedoch die Schönheit und nicht die Nützlichkeit, weshalb Kritiker, die von der Physik verlangen, daß sie nicht mit unüberprüfbaren Behauptungen handelt, die String-Theorie als Freizeitmathematik verspotten. Auf diesen Hohn antwortet der String-Theoretiker David Gross von der Princeton University mit einem Zitat des Nobelpreisträgers Paul Dirac, eines der Begründer der Quantenmechanik: «In seinem Bestreben, die grundlegenden Naturgesetze mathematisch auszudrücken, sollte sich der Forscher in erster Linie um mathematische Schönheit bemühen.»

Damit wird natürlich nicht das Ende des Experiments eingeläutet. Alle Experimentaldaten, die sich der Natur abgewinnen lassen, dienen der Bestätigung oder Widerlegung einer Theorie und sind das einzige Kriterium für deren Gültigkeit. Doch wo solche Daten spärlich sind oder ganz fehlen – was für eine wachsende Zahl physikalischer Fragen zutrifft –, gewinnen andere Kriterien, auch solche ästhetischer Natur, erheblich an Bedeutung, und zwar sowohl für die Formulierung einer Theorie als auch für ihre Bewertung. Deshalb müssen Physiker sich unbedingt darüber im klaren sein, was sie meinen, wenn sie sich auf Gesichtspunkte wie Eleganz, Geschlossenheit und innere Schönheit berufen. Viele Wissenschaftler wenden diese Begriffe auf ihre Arbeit an, aber nur wenige machen sich die Mühe, sie auch zu definieren. Was ist also mit Eleganz gemeint? Mit Geschlossenheit? Und was bedeutet Schönheit im Kontext mathematischer Formeln und physikalischer Theorien?

Ein Physiker, der gründlich über diese Fragen nachgedacht hat, ist Subrahmanyan Chandrasekhar, emeritierter Professor der University of Chicago. So bekannt sein Name innerhalb der Physiker-Gemeinschaft ist, so unbekannt ist er der breiten Öffentlichkeit. Seine größte wissenschaftliche Leistung ist der Beweis, daß Sterne mit mehr als der 1,4fachen Masse unserer Sonne kollabieren, wenn sie sterben, während leichtere Sterne diesem Schicksal entgehen. (Wir wissen, daß durch den Kollaps ein Neutronenstern oder ein Schwarzes Loch entsteht.) Diese Arbeit geht auf das Jahr 1931 zurück, in dem Chandrasekhar Mitte zwanzig war und mit seiner Promotion an der University of Cambridge begann. Doch den Nobelpreis hat er nicht für eine einzige mathematische Glanztat bekommen, sondern für eine Vielzahl astrophysikalischer Beiträge, die von der vollständigen Beschreibung verschiedener Sternen- und Planetenatmosphären bis hin zu einer mathematischen Theorie Schwarzer Löcher reichen.

In einem kurzen autobiographischen Abriß hat Chandrasekhar in seiner Nobelpreisrede das Grundmuster beschrieben, dem seine berufliche Laufbahn folgte. Umsichtig suchte er sich zunächst ein Thema, das seinen Neigungen und Fähigkeiten entsprach, und beschäftigte sich dann mehrere Jahre lang eingehend damit. Sobald er glaubte, er habe zu dem Gegenstand eine eigene Auffassung gewonnen, faßte er diese systematisch in einer «geschlossenen Abhandlung» zusammen, die sich durch «Ordnung, Form und Struktur» auszeichnete. Auf diese Weise verfaßte er die sieben Monographien, die sein wissenschaftliches Œuvre bilden.

Sein Leben lang hat sich Chandrasekhar für die Rolle der Ästhetik in der Physik interessiert. Bereits in der Einleitung zu seinem ersten Buch, einer Abhandlung über die Theorie des Sternenaufbaus, die seit einem halben Jahrhundert als Standardwerk auf diesem Gebiet gilt, kam er auf das Thema zu sprechen, das sein ganzes weiteres Werk bestimmen sollte. Das Buch beginnt mit einer kurzen Beschreibung der Thermodynamik, der Wärmelehre. Unzählige Male schon war der Gegenstand beschrieben worden, so daß eine weitere Zusammenfassung in einer astrophysikalischen Arbeit entbehrlich erschien. Aber Chandrasekhar vertritt einen eigenen Standpunkt. Für die englisch sprechende Welt war die von ihm gewählte Art, die Thermodynamik darzustellen, neu – eine sehr strenge mathematische Formulierung, die kurz zuvor in Deutschland entwickelt worden war. Sie sei, so Chandrasekhar, «die einzige physikalisch korrekte Methode zur Behandlung des Zweiten Hauptsatzes». Weiter erklärte er, die logische Strenge und Schönheit des Verfahrens solle das Maß an Vollkommenheit vor Augen führen, das von jeder Theorie, auch seiner eigenen, zu verlangen sei.

Immer wieder griff Chandrasekhar das Thema Schönheit auf, nicht nur in seinen wissenschaftlichen Arbeiten, sondern auch in den Reden und Aufsätzen, die er im Laufe von vierzig Jahren verfaßte. 1987 veröffentlichte er sie gesammelt unter dem Titel *Truth and Beauty: Aesthetics and Motivations in Science*. Das Buch ist keine «geschlossene Abhandlung» und teilweise so kompliziert, daß selbst Physiker Schwierigkeiten bei der Lektüre haben. Doch am Ende gelingt ihm, was er sich vorgenommen hat: Durch Beispiele wie die Geschichte von Heisenbergs Offenbarung, durch viele Zitate von Wissenschaftlern und Künstlern und durch Beschreibung eigener Erfahrungen vermittelt Chandrasekhar dem Leser seine Auffassung – das Ergebnis eines langen Lebens, in dem er viele neue Erkenntnisse auf dem Gebiet der theoretischen Physik gewann und über ihre Bedeutung nachdachte.

In dem wichtigsten Aufsatz der Sammlung stellt sich Chandrasekhar die schwierige Aufgabe, mathematische Schönheit zu definieren. (So leicht wie Dirac wollte er es sich nicht machen; dieser hatte gemeint, mathematische Schönheit sei so wenig zu erklären wie die Schönheit in der Kunst, aber offenkundig, wenn man ihr begegne.) Wie der Titel des Buches erkennen läßt, teilt Chandrasekhar Keats' Überzeugung, daß Schönheit Wahrheit und Wahrheit Schönheit ist, und diesen Zusammenhang wollte er ergründen. Zu den Merkmalen mathematischer Schönheit, die er aufzählt, gehört vor allem ein Gefühl für Proportionen, für die Beziehung der Teile, ihre innere Ordnung. Laut Chandrasekhar hat Heisenberg dies am klarsten ausgedrückt: «Die Schönheit ist ... die richtige Übereinstimmung der Teile miteinander und mit dem Ganzen.»

Diese Definition läßt sich gleichermaßen auf Werke der Kunst wie der Mathematik anwenden. Ein gewisses Gleichgewicht verlangt sie, eine Harmonie und kein schroffes Aufeinanderprallen der Teile, eine umfassende Einheit, die in angemessener Beziehung zu ihren Teilen steht. Doch Begriffe wie Übereinstimmung, Proportion und Ordnung bleiben unscharf – genauso wie Eleganz, Geschlossenheit und sogar Schönheit selbst. Was bringt manche Dinge in Übereinstimmung, andere hingegen nicht? Warum fügt sich ein Teil natürlich und harmonisch in den Zusammenhang des Ganzen, während andere deplaciert erscheinen?

Eine Hypothese, die geeignet ist, die ganze Diskussion auf eine konkretere Grundlage zu stellen, schlägt Jacob Bronowski, Autor der Fernsehserie *Der Aufstieg des Menschen*, in seinem 1956 erschienenen Buch *Science and Human Values* vor. Laut Bronowski liegt all diesen Aspekten – der Übereinstimmung, Verhältnis- und Regelmäßigkeit, Harmonie und Einheit, kurzum, der Schönheit – der einfache Begriff der Ähnlichkeit zugrunde. «Alle Wissenschaft ist die Suche nach Einheit durch die Ergründung verborgener Ähnlichkeiten», schreibt er und übernimmt dabei Samuel Taylor Coleridges Definition der Schönheit als Einheit in der Vielfalt: «Wissenschaft ist nichts anderes als das Bemühen, Einheit in der bunten Vielfalt der Natur zu entdecken ... Dichtung, Malerei und Wissenschaft – sie alle sind der gleichen Suche gewidmet.»

Zwar mag es Künstlern und Wissenschaftlern um das gleiche gehen, aber sie verwenden dazu doch ganz unterschiedliche Techniken. So versuchen Dichter ihren Lesern durch Rhythmus, Reim, Assonanz und Alliteration verborgene oder offenkundige Ähnlichkeiten in ihrem Werk zu suggerieren. In der Prosa hängt der Erfolg des Aufbaus – seiner Symmetrie, des Zusammenhangs seiner Motive und Themen – in ganz ähnlicher Weise von der Fähigkeit des Lesers ab, solche Entsprechungen wahrzunehmen. Die bildende Kunst offenbart Entsprechungen in Farbe, Gestalt, Form und Oberflächenbeschaffenheit. In der Musik findet man Übereinstimmung nicht nur in den rhythmischen Mustern ähnlicher Klänge, sondern auch in den subtileren Beziehungen zwischen harmonischen Tönen.

Solche stilistischen Entsprechungen gewinnen nur in dem Maße Bedeutung – und Schönheit –, wie sie inhaltliche Entsprechungen des Werks widerspiegeln. Diesen Gedanken verdeutlicht Bronowski mit einer Shakespeare-Zeile. Als Romeo Julia im Grab findet und sie für tot hält, klagt er: «Death that hath suckt the honey of thy breath.»* Der Reim *death/breath* und die sechsfache Wiederholung des

* In der Schlegel-Tieckschen Übersetzung: «Der Tod, der deines Odems Balsam sog»; wörtlicher: Der Tod, der deines Atems Honig ausgesaugt hat. *Anm. d. Übers.*

th-Lautes, mal stimmlos, mal stimmhaft, gehören zum Handwerkszeug des Dichters. Doch ihre suggestive Kraft gewinnt die Zeile aus den inhaltlichen Aspekten, dem Vergleich zwischen dem Tod und einer Biene, Julia und einer Blume – verborgenen Ähnlichkeiten zwischen grundverschiedenen Dingen.

In der Physik ist das einfachste Mittel, Ähnlichkeit auszudrücken, die Übereinstimmung zweier Zahlen. Weiterhin kann man aus gemessenen Größen reine Zahlen gewinnen, indem man ihr Verhältnis bildet. Das Verhältnis meines Gewichts in Pfund zum Gewicht meiner Tochter, ebenfalls in Pfund, ist die Zahl 3,8, ohne Einheiten. Ähnlichkeit zwischen verschiedenen Dingen läßt sich als Übereinstimmung von Verhältnissen ausdrücken: So kann man Äpfel mit Birnen vergleichen. Für die Physik ist die Übereinstimmung von Verhältnissen, was der Rhythmus für die Dichtkunst und die Komposition für die Malerei ist.

Viele große Entdeckungen in der Physik laufen letztlich auf Übereinstimmungen zweier Verhältnisse hinaus. Als Archimedes beispielsweise das Hebelgesetz entdeckte, stellte er fest, daß sich ein Waagebalken im Gleichgewicht befindet, wenn das Verhältnis der Gewichte gleich dem umgekehrten Längenverhältnis der Hebelarme ist. Die Gleichung bringt eine Ähnlichkeit zwischen zwei scheinbar unvereinbaren Größen – Gewicht und Abstand – zum Ausdruck, und bis zur Entdeckung des Gesetzes blieb die Ähnlichkeit verborgen. Zweitausend Jahre später wies Galilei nach, daß das Verhältnis zwischen der Beschleunigung eines Körpers, der eine schräge Ebene hinabrutscht, und der Beschleunigung eines Körpers im freien Fall gleich dem Verhältnis ist, das die Höhe der schrägen Ebene zu ihrer Länge aufweist.

Die Ähnlichkeit ist weniger augenfällig, tiefer verborgen als das Archimedische Gesetz; deshalb ist es in gewissem Sinne ein Gesetz höherer Art. In ähnlicher Weise gewinnen Kunstwerke an Bedeutung und gelten als schöner, je weiter die Erscheinungen, die sie vereinigen, voneinander entfernt sind. Deshalb ist es eine größere dichterische Leistung, den Tod mit einer Biene zu vergleichen als beispielsweise mit dem Schlaf, und den Honig als Metapher für Julias Atem zu wählen und nicht etwa den Wind. Entsprechend richtet sich die Schönheit einer wissenschaftlichen Theorie nach dem Abstand, der die von ihr erklärten Phänomene trennt – oder es zumindest zu tun scheint.

Newtons erste große Entdeckung bezüglich der Gravitation war der Nachweis, daß das Verhältnis der Beschleunigung eines fallenden Apfels zu der des Mondes gleich dem umgekehrten Verhältnis des Quadrats der Entfernungen beider Objekte vom Mittelpunkt der Erde ist. Um ermessen zu können, wie unerwartet diese Übereinstimmung für seine Zeitgenossen kam, müssen wir bedenken, auf welch unterschiedliche Weise die einzelnen Größen bestimmt werden. Die Beschleunigung eines Apfels wird im Labor mit Zollstock und Uhr gemessen. Dagegen handelt es sich bei der Beschleunigung des Mondes um ein höchst abstraktes Konzept, das man nur ermitteln kann, wenn man beobachtet, wie das ferne Objekt durch den Nachthimmel gleitet, den Zeitpunkt seiner täglichen Rückkehr mißt, seine Entfernung mit Hilfe einer komplizierten astronomischen Triangulation bestimmt, daraus seine Bahngeschwindigkeit ableitet und schließlich die Veränderung dieser Geschwindigkeit pro Sekunde errechnet. Den Radius der Erde mißt man entweder mittels astronomischer Verfahren oder mit den mühsamen Prozeduren der Landvermessung. Nichts davon steht in irgendeinem offenkundigen Zusammenhang mit fallenden Äpfeln. Daß diese grundverschiedenen Zahlen eine solche Gleichung ergeben, wenn man sie in den entsprechenden Verhältnissen ausdrückt, dürfte sogar Newton in Staunen versetzt haben.

Bis auf den heutigen Tag zählt die Gleichung zu den Glanzstücken der theoretischen Physik und ist das erste Beispiel für die Vereinigung scheinbar grundverschiedener Naturkräfte – in diesem Fall der himmlischen und der irdischen Gravitation. In gewissem Sinne ist die String-Theorie nur die Fortsetzung eines Vereinigungsbestrebens, das mit Newton begonnen hat.

Ein Beispiel aus unserem Jahrhundert für eine solche Ähnlichkeit ist Einsteins Theorie, der zufolge das Verhältnis der Energien zweier Lichtteilchen gleich dem Verhältnis ihrer Frequenzen ist. Dieser Zusammenhang ist entscheidend für die Energiequantelung – das Konzept, nach dem die Energie einer Welle in diskreten Quanten auftritt. Die Beziehung zwischen Energie und Frequenz, die Einstein mit dieser Theorie postulierte, hatte keinerlei Basis in der klassischen Physik des 19. Jahrhunderts: So hängt die Energie, die beispielsweise eine Meereswelle aufweist, neben der Frequenz noch von anderen Faktoren ab, etwa ihrer Höhe. Folglich ist das Verhältnis zwischen den Energien zweier Meereswellen nicht einfach das Verhältnis ihrer Frequenzen.

In der Folge erwies sich die Frequenz-Energie-Beziehung als ein Eckpfeiler der Quantenmechanik. Das war der erste Hinweis darauf, daß man sich Wellen (durch Frequenz charakterisiert) als Teilchen (durch Energie charakterisiert) vorstellen kann und umgekehrt. Vor allem für diese Entdeckung hat Einstein den Nobelpreis erhalten, weniger für die weit berühmteren Theorien der speziellen und allgemeinen Relativität. Dem amerikanischen Physiker Robert Millikan gelang es, diese Beziehung experimentell zu bestätigen, was auch ihm zu einem Nobelpreis verhalf. Die einfache Gleichheit von Verhältnissen erwies sich als eines der leistungsfähigsten und schönsten Konzepte zur Vereinheitlichung der modernen Physik.

Wie die Stilmittel der Dichtkunst über den Reim hinausgehen, so läßt sich Ähnlichkeit in der Physik auch komplexer zum Ausdruck bringen als durch die bloße Übereinstimmung von Verhältnissen. Anstelle der Ähnlichkeit zwischen zwei Ereignissen können wir Familienbeziehungen zwischen Gruppen von Fakten ermitteln. Ein bekanntes Beispiel ist das Periodensystem, das Ähnlichkeiten und Ordnungsbeziehungen zwischen mehr als hundert chemischen Elementen darstellt.

Führt man die Elemente nur nach ihrem Atomgewicht auf, so entsteht eine Liste, doch wenn man diese Liste so anordnet, daß ähnliche Elemente in senkrechten Spalten aufgeführt werden wie die Wochentage in einem Kalender, dann wird die Liste zur Tabelle des Periodensystems. Dort stehen dann alle glänzenden Metalle untereinander wie die Dienstage eines Monats, und genauso verhält es sich mit den Edelgasen. Die Nützlichkeit des Periodensystems erwächst aus seinem Vermögen, Ähnlichkeit auszudrücken: Wenn für eine bestimmte Stelle im System kein Kandidat bekannt ist und dort eine Lücke bleibt, lassen sich sein Atomgewicht aus der Rangfolge in der waagerechten Reihe und seine physikalischen Eigenschaften aus denen seiner Nachbarn in der Senkrechten erschließen. So konnte man die Eigenschaften noch unentdeckter Elemente exakt vorhersagen und anschließend im Labor bestätigen. Auf die gleiche Weise sind die bekannten subatomaren Teilchen klassifiziert und neue entdeckt worden. Die Schönheit des Periodensystems wie der Klassifikation von Elementarteilchen liegt in ihrer Fähigkeit, verborgene Ähnlichkeit sichtbar zu machen.

Bei unserer Suche nach Ordnung brauchen wir uns nicht auf Objekte wie Atome und Teilchen zu beschränken. Auf der höchsten Abstraktionsebene der theoretischen Physik läßt sie sich auch auf Formeln und Gleichungen ausdehnen. Die mathematischen Ausdrücke werden selbst zum Gegenstand der Betrachtung. Wie ein Sammler, der seine seltenen Muscheln betrachtet und sortiert, spielt der theoretische Physiker mit Gleichungen, notiert sie in verschiedenen Formen und Zusammenstellungen und sucht nach Ähnlichkeiten, bis er eine regelmäßige und ansprechende Anordnung für sie gefunden hat.

Im 19. Jahrhundert bemerkte James Clerk Maxwell, daß die vier bekannten Gleichungen der Elektrizität und des Magnetismus sich fast – aber nicht ganz – zu einem auffälligen Muster fügten. Als er die Symbole für das elektrische und das magnetische Feld austauschte, gelangte er zu Gleichungen, die beinahe mit jenen identisch waren, von denen er ausgegangen war. Aus rein ästhetischen Gründen veränderte Maxwell die letzte Formel und schuf damit eine vollkommene Symmetrie. Die neuen Gleichungen offenbarten ihm eine tiefverborgene Beziehung: Ein schwingendes elektrisches Feld ruft ein schwingendes magnetisches Feld hervor und umgekehrt. Wie Maxwell erkannte, kann diese Wechselseitigkeit zu einer Art autarken Prozeß führen, in dessen Verlauf sich das elektrische und das magnetische Feld durch ihre Schwingungen gegenseitig am Leben erhalten. Diese Entdeckung brachte ihn augenblicklich auf zwei wichtige Anwendungen der Theorie: Er sagte die Existenz von Radiowellen voraus und erklärte die Natur des Lichts. Was als Versuch begonnen hatte, ein Gleichungssystem zu ordnen und von allen Widersprüchen zu befreien, endete mit der Entdeckung der elegantesten und leistungsfähigsten Theorie der klassischen Physik, die einen weiteren gewaltigen Schritt zur Vereinheitlichung aller Kräfte darstellte.

In dem letzten Aufsatz seines Buches beschreibt Chandrasekhar eine seiner eigenen theoretischen Entdeckungen, um zu verdeutlichen, welche Rolle die Ästhetik bei der Entwicklung neuer mathematischer Konzepte spielt. Den Rahmen bildet die allgemeine Relativitätstheorie, und im besonderen geht es um Schwarze Löcher. Einsteins Gleichungen beschreiben präzise, wie sich Raum und Zeit in der Nachbarschaft dieser exotischen Objekte verschlingen und krümmen. Das Schwarze Loch selbst können wir uns als einen Stern vorstellen, der so kompakt ist, daß selbst das Licht sich dem mächtigen Zugriff seiner Schwerkraft nicht zu entziehen vermag. Von außen ist der Stern unsichtbar. Wenn das Schwarze Loch vollkommen rund ist und um seine eigene Achse rotiert, sind nur zwei Variablen nötig, um die Form des Raums in seiner Umgebung zu beschreiben: der Abstand von einem Punkt in der Raumzeit zum Mittelpunkt des Sterns und der Breitengrad des Sterns, auf dem der Punkt liegt. Die Zeit spielt keine Rolle, weil sich nichts verändert, und ebensowenig der Längengrad, weil das Schwarze Loch zu seiner Rotationsachse symmetrisch ist. Unter diesen Bedingungen schreibt die Relativitätstheorie eine Gleichung mit zwei Variablen vor.

In Jahren intensiver Arbeit hatte sich Chandrasekhar mit den Lösungen der Gleichungen, die die Nachbarschaft eines Schwarzen Loches beschreiben, gründlich vertraut gemacht. Außerdem hatte er begonnen, sich theoretisch mit kollidierenden Gravitationswellen zu befassen, über die weit weniger bekannt war. (Während sich Astronomen im allgemeinen darüber einig sind, daß es Schwarze Löcher gibt, liegen noch keine Beobachtungsdaten vor, die auf die Existenz kollidierender Gravitationswellen hindeuten.) Merkwürdigerweise läßt sich auch die Wechselwirkung zweier Wellen, die frontal aufeinanderprallen, durch eine Gleichung mit zwei Variablen beschreiben. Wenn man sich die Wellen als Wasserwellen vorstellt, die aus entgegengesetzten Richtungen in einem langen, geraden Kanal aufeinander zurollen, sind nur ihre Position im Kanal und die Zeit von Bedeutung. Zeit und Raum können am einfachsten von dem Punkt des Zusammenstoßes aus gemessen werden. Der Abstand von den Seiten des Kanals und die Tiefe des Wassers sind unwichtig. Also liefert die allgemeine Relativitätstheorie für die Beschreibung sowohl kugelförmiger, stationärer Schwarzer Löcher als auch kollidierender Gravitationswellen jeweils eine Gleichung mit zwei Variablen. Ihr Unterschied besteht darin, daß sich im ersten Fall beide Variablen auf den Ort beziehen, während im zweiten Fall eine die Zeit betrifft.

Zu seinem Erstaunen stellte Chandrasekhar fest, daß die Gleichungen, wenn er sie einer Reihe abstrakter und höchst formaler Umformungen unterzog, nicht nur ähnlich, sondern sogar identisch wurden. Aus dieser Identität läßt sich allerdings nicht schließen, daß es sich um dieselben physikalischen Phänomene handelt: Wie könnte ein stationäres Schwarzes Loch zwei kollidierenden Wellen gleichen? Wir haben es hier nur mit einer formalen Identität zu tun: Die Syntax der beiden Systeme ist gleich, während die Gleichungen völlig unterschiedlich zu interpretieren sind. Und doch ist so eine weitere verborgene Ähnlichkeit ans Licht gekommen.

Eine verwandte Ähnlichkeit zeigt sich auch in einem weit einfacheren Zusammenhang. Ohne Luftwiderstand folgt eine Kanonenkugel, die waagerecht von einem Felsen abgeschossen wird, einer Flugbahn, die sich mathematisch als Halbparabel beschreiben läßt. Die beiden Variablen des Problems sind die waagerechte Strecke und die senkrechte Höhe, beide vom Ausgangspunkt der Kanonenkugel gemessen. Auch eine Kugel, die eine schräge Ebene hinunterrollt, läßt sich durch zwei Variablen beschreiben: die Strecke, die sie zurückgelegt hat, und die Zeit, die verstrichen ist. Ein Diagramm mit der Entfernung als der einen und der Zeit als der anderen Achse zeigt eine Kurve, die erstaunlicherweise ebenfalls eine Halbparabel bildet. Wie im Fall der allgemeinen Relativitätstheorie ähneln die beiden Phänomene einander nicht; in dem einen Fall gehört die Zeit zu den relevanten Variablen, im anderen nicht, und die beiden identischen mathematischen Beschreibungen sind physikalisch höchst unterschiedlich zu interpretieren. Trotzdem deutet die gezeigte Ähnlichkeit auf eine schöne und fundamentale Beziehung zwischen den Phänomenen hin.

Aus der von ihm entdeckten Ähnlichkeit zwischen Schwarzen Löchern und kollidierenden Gravitationswellen leitete Chandrasekhar eine Vielzahl neuer und unerwarteter Erkenntnisse über letztere ab – «Implikationen», wie er betont, «die man einfach nicht vorhersehen konnte». In dem Aufsatz vertritt er mit Nachdruck die Überzeugung, daß nur sein Gefühl für Ästhetik, sein unerschütterlicher Glaube an die Schönheit der Relativitätstheorie diese Entwicklung ermöglicht habe. Da überhaupt keine experimentellen Anhaltspunkte vorlagen, wäre er ohne diese Richtschnur niemals auf die Umformungen verfallen, die den beiden Gleichungen ihr identisches Aussehen verliehen.

Auf den letzten fünf Seiten von *Truth and Beauty* befinden sich für Laien völlig unverständliche Tabellen mit mathematischen Symbolen, die Schwarze Löcher und kollidierende Wellen beschreiben. Doch Chandrasekhar behauptet, die Schönheit dieser Darstellung erschließe sich auch dem ungeübten Auge: «Im graphischen Muster dieser Tabelle manifestiert sich sichtbar die strukturelle Einheit des Gegenstandes.»

Zugegeben, mit diesem Buch wird Chandrasekhar den Maßstäben nicht ganz gerecht, die er sich in den anderen, wissenschaftlich geprägten Abschnitten seines Lebenswerkes in bezug auf Ordnung, Form und Struktur gestellt hat. Doch Schönheit läßt sich nun einmal, mag sie für die Lösung wissenschaftlicher Probleme auch noch so wichtig sein, beim besten Willen nicht in Formeln fassen. Vielleicht ist der Prozeß wichtiger als das Ergebnis, die Suche nach Schönheit bedeutsamer als ihre Definition. Falls dies zutrifft, ist Chandrasekhar sein Vorhaben glänzend gelungen. Durch das rastlose Fahnden nach verborgenen Ähnlichkeiten in einigen der abstraktesten Bereiche, die es in der theoretischen Physik gibt, ist sein Name gleichbedeutend mit der Suche nach mathematischer Schönheit in der Wissenschaft geworden.

BEHUTSAME ANNÄHERUNG

In einem Buch über alchimistische Symbole, das 1617 in Deutschland erschien, wird der Sinnspruch «Laß die Natur deine Führerin sein» durch das Bild einer gelassene Ruhe ausstrahlenden jungen Frau in fließendem Gewand illustriert, die Früchte und Blumen durch eine mondbeschienene Landschaft trägt und Abdrücke ihrer bloßen Füße auf einem schlammigen Pfad zurückläßt. Ein paar Schritte zurück folgt ihr ein bärtiger Chemiker mit altmodischen Augengläsern, die wie eine Taucherbrille aussehen. Das Bild bringt zum Ausdruck, daß die Natur unerreichbar bleibt und sich dem Zugriff des Menschen entzieht. Wenn der Wissenschaftler ihre Geheimnisse enthüllen möchte, muß er sie aus der Ferne studieren und sich an die Zeichen halten, die sie zurückläßt, während sie im Halbdunkel des vor ihm liegenden Pfades verschwindet.

Die passive Rolle des Chemikers, die uns dieser Druck nahelegt, stieß im 17. Jahrhundert auf die entschiedene Ablehnung des Staatsmannes und Philosophen Francis Bacon, der sich für einen aktiven Eingriff in die Natur durch Experimente aussprach. Nur die bewußte Manipulation der Naturerscheinungen führt zum Verständnis, «denn die Natur der Dinge offenbart sich mehr, wenn sie von der Kunst [durch künstliche Mittel] bedrängt wird, als wenn sie sich selbst frei überlassen bleibt». In der Beherrschung der Natur also erblickte Bacon den Schlüssel zur Erkenntnis – ja die menschliche Bestimmung überhaupt.

Obwohl Bacon kein praktizierender Wissenschaftler war, vertrug sich seine Philosophie so hervorragend mit den Erfahrungen jener

Zeitgenossen, die die moderne Naturwissenschaft begründet haben – etwa des Physikers William Gilbert, des Anatomen William Harvey sowie der Astronomen Johannes Kepler und Galileo Galilei –, daß seine Ideen bald die ältere, kontemplativere Haltung verdrängten. Während der nächsten vier Jahrhunderte setzten die Wissenschaftler der Natur zu und drangen in sie ein, um ihre innersten Geheimnisse zu enthüllen. Anatomen haben den menschlichen Körper seziert und bis in seine einzelnen Zellen zerlegt; Chemiker haben die organische wie anorganische Materie in Moleküle und diese in Atome zerteilt, bis sie nicht mehr weiterkamen; Physiker haben noch die Atome gespalten und schließlich sogar ihre Kerne zu Schauern von Elementarteilchen zerstäuben lassen. In der wissenschaftlichen Forschung triumphierte der Reduktionismus.

Die Methode war außerordentlich erfolgreich. Heute können wir durch die Manipulation von Zellen und Atomkernen scheinbar Übermenschliches leisten – zum Beispiel Krankheiten ausrotten und Städte zerstören. Obwohl wir auf diese Weise immer tieferen Einblick in das Walten der Natur gewonnen haben, sind wir andererseits auch an die Grenzen des Reduktionismus gestoßen. Offenbar lassen sich einige Erscheinungen nicht als bloße Summen ihrer Teile verstehen, während andere durch den Analyseakt selbst verändert oder zerstört werden. Zoologen haben festgestellt, daß sich Gorillas in Zoos und Laboratorien anders verhalten als ihre Artgenossen in freier Wildbahn, und deshalb wird selbst die sorgfältigste Untersuchung von Affen in Gefangenschaft zu keiner Erkenntnis über das natürliche Leben der Gorillas führen; Biochemiker haben erkannt, daß die Organe im menschlichen Körper so differenziert und komplex arbeiten, daß sich ihre Funktion nicht *in vitro* untersuchen läßt; und die Physiker haben einsehen müssen, daß sich der Bereich der Elementarteilchen ihrem Zugriff entzieht – die Quarks, die sie konstituieren, lassen sich nicht auseinanderreißen.

Eine unsichtbare Grenze scheint die Natur um gewisse Phänomene gezogen zu haben, eine Grenze, die uns mitteilt: «Jenseits dieser Linie bringt Zerstörung keine neue Erkenntnis.» Infolgedessen probieren Wissenschaftler weniger invasive Beobachtungsmethoden aus. Wie der Chemiker auf dem alten Druck halten sie sich zurück und folgen der Natur in respektvollem Abstand. Nicht mehr bestrebt, ihren Gegenstand zu vereinnahmen und zu unterwerfen, vertrauen sie sich ihrer Führung an. Praktisch auf allen Gebieten, auch dem der Physik und Technik, lernen Wissenschaftler wieder, die Welt zu erkunden, ohne sie zu stören. Diese Ablehnung des Interventionismus, der der Wissenschaft vier Jahrhunderte hindurch so gute Dienste geleistet hat, könnte sich in Zukunft als ihr größter Fortschritt erweisen.

Bacons aggressive Einstellung gegenüber der Natur entsprach dem Geist des elisabethanischen Zeitalters, in dem das Hängen eine gängige Form der Strafe und die Folter ein anerkanntes Mittel der kriminalistischen Untersuchung war. Der britische Essayist Thomas Macaulay schrieb im 19. Jahrhundert, Bacon, unter James I. Erster Kronanwalt Englands, habe «zu den letzten Engländern gehört, die sich der Folterbank bedienten», ein Umstand, der Macaulay deshalb erwähnenswert erscheint, weil er meint, Bacon habe das gleiche Verfahren in seiner Naturphilosophie angewandt. Tatsächlich definierte Bacon das Ziel der Wissenschaft als «Visitation der Natur», und das zu einer Zeit, da «Visitation» gleichbedeutend mit Folter war. Und mit den mechanischen Künsten, die wir heute Technik nennen, legt man der Natur laut Bacon «Ketten und Handschellen» an.

Kritiker, die der Wissenschaft mit Skepsis begegneten, vertraten die Auffassung, Bacons Methode sei ein untauglicher Versuch, Erkenntnisse über die Welt zu gewinnen, da sie notgedrungen zu einer Verzerrung der Natur führe. Trotz der offenkundigen Erfolge, die in der Chemie, Biologie, Physik und allen anderen Disziplinen erzielt wurden, blieben diese Zweifel während des 17. und 18. Jahrhunderts bestehen. Als Johann Wolfgang von Goethe, der wortgewaltigste und entschiedenste Kritiker der Experimentalwissenschaft, geboren wurde, war Bacon immerhin schon 123 Jahre tot.

Der deutsche Dichter, dessen Name für den heroischen Versuch steht, alle menschlichen Strebungen unter einem gemeinsamen Dach zusammenzufassen, begegnete jeder Erkenntnismethode, deren einziges Ziel es war, die Dinge zu zergliedern, mit tiefer Skepsis. So war seine Lieblingswissenschaft die Morphologie, die systematische Untersuchung der Formen und Wandlungen, so wie sie in der Natur vorkommen. Dafür empfahl er als Methode die Anschauung, deren Ziel für ihn in der Synthese lag. Dem Experiment und der Analyse, ohne die der Empiriker verloren wäre, maß Goethe nur begrenzten Wert bei, denn: «Das Wahre ist gottähnlich: Es erscheint nicht unmittelbar.»

Zwar ist Goethes Bestreben, die Widersprüche seiner Zeit zu versöhnen, durchaus bewundernswert, dennoch können wir froh sein, daß seine Kritik wenig Anhänger unter Chemikern und Astronomen gefunden hat. Denn sonst hätte die Wissenschaft keine Fortschritte mehr erzielt (wie es im 19. Jahrhundert in einigen deutschen Gelehrtenkreisen, wo sich Goethes spekulative Philosophie durchgesetzt hatte, tatsächlich der Fall war). Seit den Tagen Bacons ist die Wissenschaft immer nur in dem Maße vorangekommen, wie sie durch das Experiment in die Natur eingegriffen hat.

Damit soll nicht gesagt sein, daß Goethes Einwände jemals ganz verstummten. Vielmehr bringt jede Generation zumindest einige Skeptiker hervor, in deren Augen Wissenschaft etwas Gefährliches oder Irreführendes ist. Zu ihnen gehört auch der amerikanische Dichter Richard Moore, der im Frühjahr 1983 in der Zeitschrift *The Georgia Review* den Vorwurf erhob, Wissenschaft sei in dem Maße, wie sie sich der Folter bediene, trügerisch, weil sie auf diese Weise meist nur die Antworten hervorlocke, die die Inquisitoren hören wollten, und nicht die Wahrheit zutage fördere. «So gesehen», schrieb Moore, «ist Wissenschaft ein Spiel mit dem ganzen Kosmos als Objekt unserer sadomasochistischen Begierde.»

Sicherlich geht die moralistische Stoßrichtung von Moores Argument ins Leere. Als Bacon von Ketten und Handschellen schrieb, hatte er die wörtliche Bedeutung der Folter im Sinn – Streckung oder Verformung –, und auch sie nur in Hinblick auf materielle Dinge, nicht auf Menschen. Nach seiner Auffassung besteht die wichtigste

Methode der Wissenschaft darin, die Materie unter künstlichen Bedingungen Beanspruchungen auszusetzen und zu beobachten, wie sie darauf reagiert. Diese Definition der Experimentalmethode hat, so Bacon, große Ähnlichkeit mit dem, was Dichter mit Worten oder Musiker mit ihren Instrumenten machen («Fortwährend foltert der Bogen die Saite und hält sie dadurch in ständigem Erzittern»). Moore irrt auch, wenn er meint, wer die Natur auf diese Weise befrage, bekomme nur zu hören, was er hören wolle. Das Gegenteil beweisen die Revolutionen, welche die Wissenschaft in den letzten vierhundert Jahren erschüttert haben.

Andererseits hat Moore auch nicht ganz unrecht, wenn er darauf hinweist, daß eine enge Beziehung zwischen den Methoden besteht, mit denen die Wissenschaft ihre Fragen beantwortet, und der Kategorie von Antworten, die sie erhält. Bei ihrer Suche nach Wahrheit sind Wissenschaftler sicherlich invasiv und häufig auch destruktiv. Niemand leugnet, daß sich ein solch aggressiver Ansatz auf das Forschungsobjekt auswirken muß. Die Frage lautet nur, ob das Objekt durch diesen Zugriff verschleiert oder in etwas ganz anderes verwandelt wird. In den letzten Jahren hat sich allgemein die Auffassung durchgesetzt, daß genau dies stattfindet – daß zumindest in einigen Fällen die Visitation der falsche Weg ist, um von der Natur die richtigen Antworten zu erhalten. Deshalb bemüht sich die Wissenschaft, der Natur Antworten auf behutsamere Weise zu entlocken.

Eines der eindrucksvollsten Beispiele für eine nichtinvasive Wissenschaft ist die Computertomographie, eine Technik, die Anfang der siebziger Jahre entwickelt wurde. Mit Hilfe einer Batterie von Detektoren werden die Daten eines rotierenden Röntgenstrahls aufgezeichnet, der wiederholt das Diagnoseobjekt durchdringt. Die von den Scannern ermittelten Einzeldaten – gewissermaßen eine Folge von Querschnitten der inneren Struktur des Objekts – werden von einem Computer zu einer dreidimensionalen Darstellung auf einem Bildschirm verarbeitet. Bis zu neunzigtausend solcher Daten finden in ein einziges Bild Eingang.

Wegen seines nichtinvasiven Charakters fand der Computertomograph zuerst als Diagnosegerät in der Medizin Anwendung. Damit erhielten die Ärzte die Möglichkeit, in den menschlichen Körper hineinzusehen, ohne Knochen zu zersägen, Gewebe zu zerreißen und – was das wichtigste war – ohne ebendas Objekt zu zerstören, das sie untersuchen wollten. Wie durch Zauberei konnten sie in den Kopf eines Patienten blicken, in seine Lunge und seinen Unterleib, um Tumoren, Blutungen und Infektionen ausfindig zu machen.

Wie jeder bezeugen kann, der sich schon einmal einer Computertomographie unterziehen mußte, hat diese Technik nichts mit Folterung zu tun. Dank dieses Verfahrens ist heute die Diagnose eines Hirntumors, für die man früher den Schädel aufsägen mußte, so einfach und schmerzlos wie Fiebermessen. Seit Einführung der Computertomographie sind noch weitere nichtinvasive Diagnoseformen entwickelt worden – unter anderem Kernspinresonanztomographie, Positronenemissionstomographie und Ultraschall –, die alle darauf beruhen, daß verschiedene Stoffe im Körper auf elektromagnetische Strahlung und andere Wellenarten unterschiedlich reagieren. Mit der richtigen Laterne und Brille ausgerüstet, kann der moderne Arzt Patienten untersuchen, ohne sie auch nur zu berühren.

Im Laufe der Jahre ist die Computertomographie auch von der Grundlagenforschung entdeckt worden, die mit ihrer Hilfe eine Vielzahl sonst unzugänglicher Objekte untersucht, zum Beispiel die Erde selbst. Mit einer Form der Tomographie, in der man anstelle elektromagnetischer Strahlung seismische Wellen verwendet, entwickelten Geophysiker eine Möglichkeit, unter die Oberfläche des Planeten zu sehen. Wie Tumoren – dichter als das Gewebe in ihrer Umgebung – den Verlauf von Röntgenstrahlen durch den Körper verändern, wirken sich unterschiedliche Dichten in der Kruste, dem Mantel und dem Kern der Erde auf die Geschwindigkeit und Richtung seismischer Wellen aus, die von der Erdoberfläche ins Innere verlaufen. Seismographen, die über die ganze Erde verteilt sind, fungieren als Detektoren, die die Wellen auffangen, wenn sie zur Oberfläche zurückgeworfen werden. Ihre Informationen liefern sie an einen Zentralcomputer, der daraus ein dreidimensionales Bild des Erdinneren anfertigt.

Die meisten nichtinvasiven Verfahren, die in den letzten zwanzig Jahren eingeführt wurden, gehen auf physikalische Entdeckungen zurück. Beispielsweise wurde die Computertomographie von dem Physiker Alan M. Cormack von der Tufts University in Medford, Massachusetts, und dem englischen Elektroingenieur Godfrey N. Hounsfield entwickelt (wofür sie 1979 den Medizin-Nobelpreis erhielten). Auf die Physik selbst hat sich dieser neue Trend der Geräteentwicklung dennoch kaum ausgewirkt. Doch da man sich hier mit immer kleineren Bausteinen der Materie beschäftigte, mußten die Wissenschaftler zwangsläufig an eine Grenze der Intervention stoßen. Sie hatten die Grenzen sogar schon vorweggenommen: Bei atomaren Abständen, die von der Quantentheorie bestimmt würden, reagiere die Natur nicht nur unwillig auf jede Art des Eindringens, sondern untersage es vielmehr mit aller Entschiedenheit – eine Idee, die Ende der zwanziger Jahre vorgeschlagen wurde und die unter der Bezeichnung Unschärferelation oder Unbestimmtheitsprinzip bekannt ist.

Nach dem Unbestimmtheitsprinzip lassen sich gewisse Eigenschaften physikalischer Systeme beim besten Willen nicht messen: Wenn man also den Ort eines subatomaren Teilchens ermittelt, beraubt man sich damit jeglicher Kenntnis seiner Geschwindigkeit. Damit ist die Bewegung eines einzelnen Teilchens weit ungewisser als die eines herkömmlichen makroskopischen Objekts, das stets durch einen bestimmten Ort und eine bestimmte Geschwindigkeit gekennzeichnet ist. Die Unbestimmtheit resultiert aus der Messung selbst.

In der alltäglichen Welt werden Ort und Geschwindigkeit gewöhnlich visuell erfaßt – das heißt mit Hilfe des Lichts, das viel zu schwach ist, um das Verhalten eines großen Objekts zu beeinflussen. Bei einem subatomaren Teilchen verursacht das Licht jedoch einen Stoß, der das Teilchen aus seiner ursprünglichen Position entfernt und ihm eine neue und unvorhersagbare Geschwindigkeit verleiht. Kurzum, die Messung einer Variablen schließt die Messung einer anderen aus. Diese Einschränkung wurde experimentell bestätigt, sie hat aber bis vor kurzem keinerlei praktische Schwierigkeiten bereitet. Doch nun beginnt sie unser Verständnis der Welt zu beeinträchtigen.

Albert Einsteins Gravitationstheorie sagt ein Phänomen vorher, das man als Gravitationsstrahlung bezeichnet und das sich in Analogie zum Licht verstehen läßt. Wenn elektrische Ladungen schwingen, emittieren sie elektromagnetische Wellen, die Luft und leeren Raum unsichtbar und unfühlbar durchqueren, bis sie auf andere elektrische Ladungen treffen. Stoßen elektromagnetische Wellen einer bestimmten Länge auf Elektronen in der Netzhaut des menschlichen Auges, versetzen die Wellen die Elektronen in Schwingungen, und das Gehirn registriert den daraus resultierenden elektrischen Strom als Licht. Der Theorie zufolge sind Gravitationswellen ganz ähnlich, nur daß sie mit Massen und nicht mit Ladungen wechselwirken. Folglich müßten Gravitationswellen, die von schwingenden Sternen ausgesandt werden, andere Massen in Schwingung versetzen. Physiker in der ganzen Welt haben mit Apparaten, die Seismographen ähneln, nach solchen Schwingungen gesucht, bislang ohne den geringsten Erfolg.

Offenbar liegt das Problem darin, daß Gravitationswellen außerordentlich schwach sind. Wäre ein Aluminiumblock von der Größe eines Aktenschranks solchen Wellen ausgesetzt, würde er sich in einem Abstand hin- und herbewegen, der noch nicht einmal dem Durchmesser eines Atoms entspräche, und Bewegungen derart mikroskopischer Natur unterliegen den Regeln der Quantenmechanik: Sie gehorchen dem Unbestimmtheitsprinzip. Also selbst wenn es Gravitationswellen gibt, und die meisten Physiker sind davon überzeugt, könnte man sie vermutlich nicht entdecken, zumindest nicht durch irgendeine Form direkter Messung.

In den konventionellen Gravitationswellen-Detektoren wird die Geschwindigkeit einer Welle auf die gleiche Weise bestimmt wie die Geschwindigkeit eines aufgeschlagenen Tennisballs: indem man die Position des Balls zu zwei verschiedenen Zeitpunkten mißt und dann die zurückgelegte Strecke durch die verstrichene Zeit teilt. Doch die ersten Schritte dieser Vorgehensweise werden vom Unbestimmtheitsprinzip untersagt, denn ihm zufolge verändert man ja die Geschwindigkeit, wenn man den Ort mißt, und umgekehrt. Als man vor etwa zwanzig Jahren die ersten Detektoren in Betrieb nahm, hofften ihre Konstrukteure, daß die Wirkung der Gravitationswellen aus dem Weltraum groß genug wäre, um den Grenzen des Unbestimmtheitsprinzips zu entgehen. Diese Hoffnung hat sich inzwischen zerschlagen.

Angesichts dieses Dilemmas haben sowjetische, amerikanische und kanadische Physiker die sogenannte zerstörungsfreie Quantenmessung *(quantum nondemolition measurement)* entwickelt, eine Technik, die das Unbestimmtheitsprinzip umgeht. Wie sie ungefähr funktioniert, zeigt ein Vergleich mit dem Tachometer eines Autos: Ein rotierendes Kabel führt von der Frontachse des Wagens zum Armaturenbrett. Dabei übt ein an der Achse befestigter Magnet einen Zug auf das Achsengehäuse aus, das diese Kraft auf das Kabel überträgt. Die Stärke des Zugs (von einem Zeiger wiedergegeben) ist der Drehgeschwindigkeit der Achse proportional und deshalb ein Maß für die Geschwindigkeit. Die Konstruktion hat den entscheidenden Vorteil, daß die Position des Magneten nie beobachtet, geschweige denn gemessen werden muß. Anders als solche Kraftfahrzeugtachometer registrieren Geräte für zerstörungsfreie Quantenmessung der Gravitationswellen nicht die Drehzahl, sondern die Schwingungsfrequenz. Im übrigen sind sie so beschaffen, daß sie die Frequenz ermitteln können, ohne den quantenmechanischen Zustand (die exakte mikroskopische Konfiguration) des Detektors aufzuheben, was zur Folge hat, daß sich die Messung viele Male wiederholen läßt. Die nächste Generation von Gravitationswellen-Detektoren wird nach diesem Prinzip arbeiten.

Während zerstörungsfreie Quantenmeßverfahren belegen, daß sich in der physikalischen Beobachtung auf atomarer Ebene ein Einstellungswandel vollzogen hat, schlägt man auch auf Ebenen, die der Alltagserfahrung näher liegen, ähnlich nichtinvasive Wege ein – beispielsweise in der Technik. Risse in Flugzeugrümpfen, Mängel in der

Abdichtung von Raumfähren, Korrosionen in Kernreaktoren – sie alle werden mit Hilfe von Röntgenstrahlen, Laserlicht, Infrarotstrahlung und Ultraschallwellen ermittelt, ohne daß es notwendig ist, die betroffenen Teile zu zerstören oder auch nur zu zerlegen. Die Industrie ist über diese Technik – zerstörungsfreie Prüfung (NDE nach der englischen Bezeichnung *nondestructive evaluation*) – natürlich hoch erfreut, weil die Inspektion dadurch billiger und verläßlicher wird, was mehr Sicherheit und größere Leistungsfähigkeit ermöglicht, aber genauso wichtig sind die wissenschaftlichen Erkenntnisse und neuen Anwendungsmöglichkeiten, die wir den Neuerungen in der NDE verdanken.

Eines der wichtigsten NDE-Laboratorien hat Joseph S. Heyman am NASA Langley Research Center in Hampton, Virginia, aufgebaut. Laut Heyman besteht die Aufgabe des Labors darin, zwischen den Bedürfnissen der Alltagswelt von Technik und Industrie auf der einen Seite und der Grundlagenforschung in Physik und Chemie auf der anderen eine Brücke zu schlagen. Meist sprechen beide Seiten noch nicht einmal die gleiche Sprache.

Wie unterschiedlich das Verständnis von Materie in den beiden Lagern ist, zeigte sich, als die Association of American Railroads in Chicago vor kurzem das Langley-Laboratorium bat, die Innenspannung einiger Metallproben zu messen. Als Physiker hatte Heyman bei Proben an kleine Klümpchen von der Größe eines Zuckerwürfels gedacht. Doch das sind nicht ganz die Größenordnungen, in denen Eisenbahner rechnen. Kurz nachdem Heyman sich zu der Untersuchung bereit erklärt hatte, fuhr ein Lastwagen vor dem Laboratorium vor und lud zwei Eisenbahnräder ab, jedes mehr als einen Meter im Durchmesser und knapp vierhundert Kilo schwer. Für die Materialprüfung dieser Ungetüme mußte ein ganzer Laborraum leergeräumt und ein Spezialgerüst gebaut werden.

Heymans zerstörungsfreie Technik zur Ermittlung der Innenspannung von Metallen bedient sich zweier Effekte. Zunächst wird die Probe der Wirkung eines Magnetfeldes unterworfen, wodurch sich die Moleküle je nach Richtung und Größe der Innenspannung reorientieren. Die Molekularkonfigurationen beeinflussen wiederum die Geschwindigkeit des Ultraschalls auf seinem Weg durch das Material. Mißt man diese Geschwindigkeit, so erhält man ein genaues Bild von den inneren Kräften des Materials. Wie Heyman feststellte, wies das eine Rad nach innen gerichtete Spannungen auf, die den Zusammenhalt des Werkstücks verstärkten, während im anderen die Spannungen nach außen gerichtet waren und deshalb unter ungünstigen Umständen einen Bruch herbeiführen konnten. Daraufhin transportierte man die Räder wieder nach Chicago, wo sie einer erneuten Prüfung unterzogen werden sollten, um festzustellen, wie zuverlässig Heymans neue Technik war. Diesmal griff man auf die altmodische Untersuchungsmethode zurück, die Folter: Die Räder wurden unter eine Säge gelegt. Beim ersten Rad blieb die Säge stekken, da die Innenspannungen den Schnitt schlossen und das Sägeblatt einklemmten. Dagegen explodierte das zweite Rad geradezu, kaum hatte die Säge an seinem Rand gekratzt.

Durch die Verfeinerung zerstörungsfreier Techniken zur Materialprüfung auf mikroskopischer Ebene werden Wissenschaftler in der Lage sein, nicht nur Probleme zu diagnostizieren, sondern sie auch zu verhindern. Bei der Herstellung von zusammengesetzten Werkstoffen, etwa mit Graphitfasern verstärkten Schichtstoffen aus Epoxidharz, die beim Flugzeugbau das Aluminium zunehmend verdrängen, ist von entscheidender Bedeutung, daß die verschiedenen Materialschichten beim Brennen richtig haften. Deshalb werden Druck und Temperatur im Ofen sorgfältig kontrolliert. Doch diese Eigenschaften liefern nur indirekte und deshalb höchst unzuverlässige Anhaltspunkte für den Aspekt, auf den es wirklich ankommt: das Maß der Bindung. Wenn es gelingt, Instrumente zu entwickeln, die während des Herstellungsprozesses einen Blick ins Innere zusammengesetzter Werkstoffe gestatten und detailliert zeigen, wie sich die Bindung unter dem Einfluß bestimmter Temperatur- und Druckverhältnisse vollzieht, dann wird man Flugzeuge, Raketen und Autos bauen können, die mehr Sicherheit zu bieten haben als heutige Modelle. Als Nebenprodukte der NDE-Forschung sind bereits eine ganze

Reihe von Geräten entwickelt worden: unter anderen ein Sensor, der die Tiefe von Verbrennungen menschlichen Gewebes mißt, ein Instrument, mit dem sich feststellen läßt, wie voll die Blase von Patienten mit Harninkontinenz ist, und ein Apparat zur Ermittlung der Spannung in den Bolzen, die die Stützpfeiler in Bergwerken verbinden.

Worauf läuft das alles hinaus? Nichtinvasive Diagnostik, zerstörungsfreie Quantenmessung und zerstörungsfreie Materialprüfung – alle diese Verfahren setzen sich durch ihr «nicht» oder «frei» von herkömmlichen Methoden ab. Auf diese Verfahren wird man in naher Zukunft sicherlich noch nicht verzichten können. Vieles von dem, was Biologen, Chemiker, Physiker und Geologen interessiert, werden sie wohl auch weiterhin nur durch invasive Techniken, durch Zerstörung und Vernichtung, die martialischen Verfahrensweisen der klassischen Wissenschaft, in Erfahrung bringen können. Und doch regt sich etwas Neues. Wir haben begonnen, die Beziehung des Menschen zur Natur zu überdenken, eine Beziehung, die zumindest im Westen von der Intervention der traditionellen Wissenschaft geprägt war.

Noch ist nicht klar, zu welchem Ergebnis diese Neubewertung führen wird. Trotz aller Kritik an der Wissenschaft ist eine Renaissance der passiven Anschauung im Goetheschen Sinne wenig wahrscheinlich. Umgekehrt erscheint aber auch die alte Vorstellung von der Beherrschung der Natur mittlerweile entbehrlich und sogar ein wenig töricht. Schon Bacon hat gesagt: «Die Natur wird nur besiegt, indem man ihr gehorcht.» Das ist sicherlich ganz im Geiste nichtinvasiver Wissenschaft gesprochen, die nachgewiesen hat, daß die Empirie durchaus auf die Folter verzichten kann. Wenn wir Alternativen zur Manipulation der Naturerscheinungen entwickeln, dann legen wir vielleicht nicht nur neue Wege für die Wissenschaft an, sondern tun auch einen kleinen Schritt in Richtung Weisheit.

EINSTEIN AUF DER «EX»

Während meiner Jugend in Ottawa war neben der Freigabe des Rideau Canal für Schlittschuhlaufen und Eishockey das aufregendste Ereignis des Jahres die Eröffnung der «Ex». Vermutlich diente die Central Canada Exhibition – eine Bezeichnung, auf die einige Leute hartnäckig bestanden – ernsthaften kommerziellen und landwirtschaftlichen Zielen, doch für uns Kinder war sie ein Jahrmarkt und bedeutete vor allem Karussellfahren. Ich weiß nicht mehr, ob ich mit der «Todeswand» gefahren bin, nachdem ich bereits den ersten Physikunterricht in der Highschool bekommen hatte, oder ob es im selben Jahr war, aber in meiner Vorstellung sind beide Ereignisse fest miteinander verknüpft. In der «Todeswand» hatte ich meine erste bewußte Begegnung mit einer fiktiven Kraft.

In Wirklichkeit war die Wand ein Zylinder mit einem Durchmesser von drei bis vier Metern und etwa der gleichen Höhe, mit einem Fußboden, aber ohne Dach. Wir standen im Innern, am Rand des kreisförmigen Fußbodens, hinter uns die Wand, und warteten. Wenn der Zylinder zu kreisen begann, wurden wir gegen die Wand gepreßt. Und dann sank der Fußboden langsam nach unten, bis wir wie Fliegen am Leimpapier auf halbem Weg über dem infernalischen Abgrund klebten. Es war herrlich.

Mir war klar: Wir verdankten unseren Halt an der Wand einer Kombination aus Reibung und etwas, das man als Fliehkraft bezeichnet. Dabei störte mich allerdings, daß unser Physiklehrer mit einer Begeisterung, die schon an fundamentalistischen Eifer grenzte, verkündet hatte, die Fliehkraft sei «fiktiv». Da befand ich mich also in meiner prekären Lage, an der Wand klebend, und gehalten wurde ich durch eine Kraft, die angeblich noch nicht einmal real war.

Mit «fiktiv» meinte mein Lehrer, daß die Existenz der Fliehkraft vom Standpunkt des Beobachters abhängt: Je nach Definition des Bezugssystems kann man die Kräfte erscheinen oder verschwinden lassen. Hätte mein Freund David, der wie ich später Physiker wurde, meine Fahrt an der Todeswand von oben betrachtet, hätte er meine Bewegung ohne Rückgriff auf die Fliehkraft erklärt.

David hätte sich auf das Trägheitsgesetz berufen: Ein Gegenstand in Ruhe ist bestrebt, in Ruhe zu bleiben, und ein Gegenstand, den man in Bewegung versetzt hat, ist bestrebt, diese geradlinig beizubehalten, wenn keine äußere Kraft auf ihn einwirkt. Folglich hätte David gesagt, mein Körper sei zu jedem Zeitpunkt meiner Kreisbahn an der Todeswand bestrebt, auf einer Tangente aus dem Zylinder hinauszufliegen, werde daran aber von der Wand gehindert, die ihn ständig aus der gewünschten Richtung dränge und zu einer Kreisbahn zwinge. Doch dort, wo ich hing, bestand keine Notwendigkeit, sich auf die Außenwelt zu beziehen, die Welt, die stillstand, während sich die Todeswand bewegte, die Welt, in die mein Körper geschleudert werden wollte. Meine Welt war dieser tiefe, dunkle Zylinder, und etwas, das von seinem Zentrum ausging, preßte mich, ziemlich spürbar, gegen die Wand.

Der Kitzel in Bauch und Eingeweiden, den eine rasante Achterbahnfahrt hervorruft, prägt sich besser ein als jeder Lehrbuchtext und die gelungenste Hörsaaldemonstration. Auch dem besten Physikseminar fehlt ein wichtiges Element zum Verständnis der Mechanik: das Körperempfinden für unsere Lage und deren Veränderungen – die Kinästhesie. Nehmen wir die beiden wichtigsten Variablen für die Beschreibung von Bewegung: Geschwindigkeit und ihre Veränderungsrate, die Beschleunigung. Die erste kann man sehen, die zweite fühlen. Wenn Sie in einem Straßenkreuzer über die Autobahn gleiten oder in einem Flugzeug hoch über den Wolken schweben und die Augen schließen, verlieren sie jedes Gefühl für die Geschwindigkeit. Doch sobald das Fahrzeug beschleunigt, abbremst oder in die Kurve geht, können Sie die Veränderung spüren. Das gleiche gilt für Karussellfahrten. Da die Gesetze der Mechanik großenteils Körper betreffen, die ihre Geschwindigkeit, Richtung oder beides verändern, bietet ein Jahrmarktsbesuch Physikern einen idealen Anschauungsunterricht.

Das komische Gefühl im Magen, das Geschwindigkeitsveränderungen begleitet, erleben Kinder erstmals auf der Schaukel. Auf Jahrmärkten stehen Riesenschaukeln mit imposanten Namen, auf denen einem im schwerelosen Moment des Innehaltens am Ende jedes Schwunges fast das Herz stehenbleibt. Das herrliche Hin und Her der Schaukel ist mit der Schwingung von Violinensaiten und dem Wogen von Meereswellen verwandt. «Einfache harmonische Bewegung» nennt man das. Wie mühelos erscheint sie im Vergleich zur völlig gleichförmigen Kreisbewegung der «Todeswand»!

Die bekannteste Jahrmarktsattraktion, die Achterbahn, ist zugleich das am häufigsten angeführte Beispiel aus der Rummelphysik. Die Regelmäßigkeit der Achterbahn liegt bei weitem nicht so deutlich auf der Hand wie die gleichförmige Kreis- oder einfache harmonische Bewegung. Bei der Achterbahn erscheint die Bewegung wild und verschlungen, doch wenn man sie quantifiziert, zeigt sich die Erhaltung der Energie: Die Summe der potentiellen Energie, die der Wagen dem Abstand von Erdboden verdankt, und der kinetischen Energie, die dem Quadrat seiner Geschwindigkeit entspricht, bleibt stets gleich. In seinem einzigen (gemeinsam mit dem Relativitätsphysiker Leopold Infeld verfaßten) Lehrbuch zur Elementarphysik hat Albert Einstein die Achterbahn als ideales Beispiel für die Umwandlung potentieller Energie in kinetische Energie und umgekehrt gewählt. In der Achterbahn kann eine angehende Physikerin das An- und Abschwellen der unsichtbaren Energien *fühlen*. Ja, sie kann die Veränderungen mit dem Körper auswerten. Durch das Steigen und Fallen der Bahn selbst entsteht eine Kurve der potentiellen Energie.

Andere Jahrmarktsvergnügungen sind zwar weniger spektakulär, aber nicht minder aufschlußreich. So gehorchen die Autoscooter den Stoßgesetzen – Erhaltung des Impulses und der kinetischen Energie –

mit knochenrüttelnder Zuverlässigkeit. Eine Stahlkugel, die durch einen Hammerschlag eine Säule hinaufgetrieben wird, büßt ihren Impuls stetig ein, bis eine Glocke die Heldentat des Kunden und den Triumph der Schwerkraft mit ihrem unwiderstehlichen Zug nach unten verkündet. Die Wirkung des Spiegelkabinetts, in dessen gewölbten Zerrspiegeln grotesk verformte Bilder der Besucher erscheinen, beruht auf der endlosen Wiederholung eines einzigen optischen Grundprinzips – des Reflexionsgesetzes. So einfach diese Regel ist – der Winkel, unter dem ein Lichtstrahl den Spiegel verläßt, ist gleich dem Winkel, unter dem er eingefallen ist –, so erstaunlich ist die Vielfalt der erzeugten Bilder. Damit illustriert das Spiegelkabinett also, was jeder vernünftigen wissenschaftlichen Betätigung zugrunde liegt, die Fähigkeit, Kompliziertes einfach zu erklären.

Doch das Glanzstück des Jahrmarkts ist das Kettenkarussell, in dem sich zwei archetypische Vergnügen verbinden: das Kinderkarussell und die Schaukel. Es besteht aus einem bunten Mittelstück mit einem schirmförmigen Dach, von dem an langen Ketten Sitze herabhängen. Wenn das Mittelstück sich zu drehen beginnt und an Geschwindigkeit gewinnt, schwingen die Sitze nach außen und beschreiben immer weitere Kreise, so daß ihre Ketten immer stärker von der Senkrechten abweichen.

Auf dem Kettenkarussell sind wir zwei widerstreitenden Kräften ausgesetzt: der Schwerkraft, die uns nach unten zieht, und der Fliehkraft, die uns nach außen drückt. Zur Verdeutlichung dieses Gesetzes, des Newtonschen Kräfteparallelogramms, bedient man sich im Physikunterricht an unseren Schulen meist einer kleinen Drehscheibe, die mit Schnüren, Rollen und Gewichten versehen ist. Auf dem Jahrmarkt kann man dieses Experiment wiederholen und sich sogar mit dem eigenen Körper daran beteiligen. Man selbst ist das Gewicht, und der Kompromiß zwischen Schwer- und Fliehkraft kommt graphisch zum Ausdruck in dem Winkel, um den die Kette von der Senkrechten abweicht.

Bei sorgfältiger Beobachtung zeigt sich ein bemerkenswertes Phänomen: Die Ketten aller Karussellbesucher weichen um den gleichen

Winkel von der Senkrechten ab. Schwere Benutzer hängen nicht vertikaler herab als leichte, und leere Sitze schwingen nicht weiter hinaus als besetzte. Als habe sich die Natur verschworen, bleiben die Ketten des Karussells stets parallel.

Des Rätsels Lösung: Sowohl die Schwerkraft als auch die Trägheit, die der Fliehkraft zugrunde liegt, üben ihren Einfluß proportional zur Masse aus. Tatsächlich wird ein schwerer Körper von der Schwerkraft stärker zur Erde gezogen als ein leerer Sitz, aber er wird von der Trägheit auch heftiger nach außen gedrängt. Dieser Umstand regte Einstein zu weiteren Überlegungen an: Ist es ein Zufall, fragte er sich, daß Schwerkraft und Trägheit von der gleichen Größe abhängen?

Durch diese Frage gelangte Einstein schließlich zu einer der kompliziertesten Schöpfungen des menschlichen Geistes, seiner allgemeinen Relativitätstheorie. Er begann mit einem einfachen Gedankenexperiment: Man nehme den freien Fall – zum Beispiel den Sturz eines Fallschirmspringers durch die Atmosphäre, bevor er die Reißleine zieht. Aus der Sicht des Fallschirmspringers gibt es so etwas wie die Schwerkraft gar nicht. Er *spürt* sie nicht, so offenkundig sie auch ist, wenn er auf der Erde steht, und sehen kann er ihre Auswirkungen ebenfalls nicht. In der Tat kann er Newtons Apfel nehmen, ihn sich vor die Nase halten und loslassen: Der Apfel wird dort – relativ betrachtet – unbeweglich verharren. Solange der Fallschirmspringer sich nicht dazu entschließt, sein Bezugssystem zu erweitern und die rasch näher kommende Erde oder die vorbeirauschende Luft einzubeziehen, läßt sich alles, was er sieht und fühlt, ohne Rückgriff auf die Schwerkraft erklären.

Sobald Einstein nachgewiesen hatte, daß Gravitation wie Fliehkraft vom Bezugssystem des Beobachters abhängen, wandte er sich der Aufgabe zu, einen fundamentaleren Zusammenhang der beiden offenzulegen. Er zeigte, daß sich die Gravitation im Zusammenhang mit Trägheitskräften wie der Fliehkraft verstehen läßt – daß Trägheit und Gravitation in Wahrheit ein und dasselbe sind. Dieser Zusammenhang zwischen zwei scheinbar völlig verschiedenen Phänomenen rührt an den Kern der allgemeinen Relativitätstheorie.

Geht also die Fliehkraft, die ich spürte, als ich an der «Todeswand» hing, in Wirklichkeit auf die Schwerkraft zurück? Und wenn, woher kam dann diese Schwerkraft? Gewiß nicht von der Erde, denn Fliehkräfte treten auch auf dem Mond, dem Mars und sogar im leeren All auf. Um die Jahrhundertwende schlug der österreichische Physiker Ernst Mach eine Lösung des Problems vor, derzufolge die Trägheit von der Anziehungskraft der zahllosen fernen Galaxien stammt, von denen wir umgeben sind. Ein in Ruhe befindliches Objekt sei, so Mach, bestrebt, in Ruhe zu bleiben, weil es in einem Geflecht schwacher Gravitationskräfte gefangen sei, und die Fliehkraft ziehe uns zum Universum hin, das sich im Kreis drehe.

Selbst heute noch ist Machs Hypothese eine offene Frage, die von Kosmologen leidenschaftlich diskutiert wird. Ich hoffe, sie wird sich in irgendeiner Form bestätigen und in Einsteins Theorie integriert werden, denn sie vermittelt eine sehr befriedigende Vorstellung. Wenn die fernen Galaxien, Sterne und Planeten tatsächlich nach meinem Körper greifen und ihn sanft vom Kettenkarussell fortziehen, dann ist das Universum wahrhaftig eine Einheit. Jedesmal wenn ich auf das Gaspedal meines Autos trete, in die Kurve gehe oder an der «Todeswand» klebe, wirken die fernsten Regionen des Kosmos auf meinen Körper ein. Ohne meinem einstigen Physiklehrer nahetreten zu wollen – die Fliehkraft ist nicht nur genauso real wie die Gravitation, sie verbindet mich auch unauflöslich mit jedem anderen Element der Schöpfung.

Masse, Bewegung, Kraft, Energie, Relativität – die Schlüsselbegriffe der Mechanik – wurden auf der Ex höchst anschaulich vor Augen geführt, und so gesehen ist es ein Verlust für die Physik, daß die umherziehenden Jahrmärkte langsam aussterben. Zwar sind einige der Jahrmarktsattraktionen in den Vergnügungsparks erhalten geblieben, doch werden sie zunehmend durch immer größere, sensationellere Einrichtungen ersetzt, die nicht mehr einfach genug sind, um physikalische Prinzipien veranschaulichen zu können. Eine moderne Achterbahn ist längst nicht mehr das primitive Gerüst aus Einsteins Tagen, sondern ein kompliziertes Gebilde, dessen Schleifen und

Schlingen eine so rasende und sinnverwirrende Fahrt bewirken, daß sie für den Beobachter am Erdboden nur noch schwer und für den «Passagier» gar nicht mehr zu verstehen ist. Auch die Videospiele in Spielhallen sind Nachfahren des Jahrmarkts, doch das Verständnis naturwissenschaftlicher Zusammenhänge fördern sie noch weniger. In einer Welt, in der alles möglich ist, haben die Naturgesetze keine Geltung mehr. Wenn das der Ort ist, an dem unsere Kinder Physik lernen, werden sie niemals die Fähigkeit erwerben, zwischen Wissenschaft und Science-fiction, zwischen Möglichem und Unmöglichem zu unterscheiden. Schlimmer noch, sie werden nie die Chance haben, die Mechanik auf so unmittelbar körperliche Weise zu erleben wie wir auf der Ex.

UNUNTERSCHEIDBARE ZWILLINGE

Am 4. Juni 1924 schrieb Satyendra Nath Bose, Physikprofessor an der neu gegründeten Universität von Dacca in Ostbengalen (heute Bangladesch), einen Brief an den damals in Berlin lebenden Albert Einstein: «Sehr geehrter Herr, ich wage, Ihnen beigefügten Artikel mit der Bitte zuzusenden, ihn durchzusehen und zu beurteilen. Mich würde sehr interessieren, was Sie von ihm halten.» Bose fragte weiter, ob Einstein eine Veröffentlichung für sinnvoll halte, wobei er unterschlug, daß der Aufsatz von der angesehenen englischen Wissenschaftszeitschrift *Philosophical Magazine* bereits abgelehnt worden war. Doch diese Tatsache spielte kaum einen Rolle. Einstein antwortete umgehend und teilte Bose per Postkarte mit, er halte den Artikel für «höchst beachtenswert». Tatsächlich war Einstein so beeindruckt, daß er den Aufsatz eigenhändig ins Deutsche übersetzte und für seine Veröffentlichung sorgte.

In dieser Arbeit legt Bose dar, daß sich das Licht in Gestalt von Photonen, den viele Jahre zuvor von Einstein entdeckten Energieteilchen, *nur* dann verstehen läßt, wenn man von einer bestimmten Annahme bezüglich ihrer Beschaffenheit ausgeht: daß sie voneinander ununterscheidbar sind. Von dieser Voraussetzung ausgehend, gelangte Bose zu einer bis dahin nicht vermuteten Eigenschaft der Photonen: ihrer Gewohnheit, den gleichen Zustand anzunehmen (gleiche Bewegungsrichtung, gleiche Spinrichtung, gleiche Energie). Damit behauptete Bose also, in der ungeordneten Welt subatomarer Teilchen hätten Photonen die ausgeprägte Tendenz zu kooperieren.

Da sich einzelne Photonen nicht isolieren und untersuchen lassen, konnte Boses Vermutung direkt nie verifiziert werden, aber man hat Vorhersagen, die auf seiner Hypothese beruhen, experimentell bestätigt, und folglich gilt die Photonenkooperation heute als bewiesene Tatsache. Auf die gleiche Weise verhalten sich auch andere Teilchen und tragen deshalb zusammen mit den Photonen die Gattungsbezeichnung Bosonen, zu Ehren des Mannes, der ihre gemeinsame Eigenschaft entdeckte. Durch Kooperation in ungeheuren Zahlen überwinden Bosonen ihre submikroskopische Bedeutungslosigkeit und machen ihren Einfluß in der makroskopischen Welt unserer alltäglichen Erfahrung geltend.

Zwei Jahre nach jenem denkwürdigen Brief Boses an Einstein eroberte die Quantenmechanik, die moderne mathematische Theorie atomarer Prozesse, die physikalische Welt und bildete einen Kontrapunkt zu Boses Entwurf – insofern sie behauptete, es gebe eine zweite große Gruppe von Teilchen, unter anderem Elektronen, Neutronen und Protonen, deren Verhalten sich von dem der Bosonen unterscheide. Nach Enrico Fermi, der ihr Verhalten erstmals vollständig beschrieb, werden diese Teilchen Fermionen genannt. Ihr Merkmal ist, daß sie nie im gleichen Bewegungszustand vorkommen, sondern sich stets in einem Konkurrenzverhältnis befinden.

Diese Unterteilung aller subatomaren Teilchen in zwei große Gruppen – die kooperierenden und die konkurrierenden – ist grundlegender als die Unterschiede zwischen den verschiedenen Teilchenarten. Und die Idee, auf der die Unterteilung beruht, das Prinzip der Ununterscheidbarkeit, ist noch fundamentaler. Mit dem Verständnis der Bedeutung, die die Ununterscheidbarkeit für die Grundstruktur der Welt besitzt, ist es uns gelungen, so wirkungsvolle Geräte wie Laser und supraleitende Magnete zu entwickeln. Doch das ist noch nicht alles. Seit den Anfängen der Physik vor mehr als zweitausend Jahren beherrscht die Suche nach den kleinsten Bausteinen der Welt das Bemühen um ein Verständnis der Materie. Das Prinzip der Ununterscheidbarkeit hat die Physiker gezwungen, diesen Bemühungen eine andere Richtung zu geben oder zumindest einen weiteren Horizont zu erschließen.

Erstaunlich alt ist die Idee, daß subatomare Teilchen identisch sind. Ihre Anfänge lassen sich auf die Schriften der griechischen Philosophen Leukipp und Demokrit zurückführen, die im 5. Jahrhundert v. Chr. die Atomtheorie der Materie zur Lösung eines hartnäckigen philosophischen Dilemmas entwickelten.

Das Ziel der Philosophie besteht darin, die Welt als Einheit zu sehen, sie durch ein einziges, allumfassendes Prinzip zu verstehen. Doch die Welt scheint diesem Ideal nicht gerecht zu werden. Unseren Sinnen präsentiert sich eine unfaßbare Vielfalt der Erscheinungen, eine Welt, die offensichtlich viele Dinge und nicht nur ein einziges konstituieren. Dank der Behauptung, daß alles aus einer riesigen Anzahl identischer Teilchen besteht, die zu klein sind, um gesehen oder gefühlt zu werden, bietet die Atomhypothese einen tragfähigen Kompromiß zwischen den konkurrierenden Herausforderungen der Theorie und der Erfahrung. Danach liegt die Einheit in der Identität der Teilchen und die Vielfalt in der Komplexität ihrer Anordnungen. Ob es in Wirklichkeit nur vier Arten von Atomen gibt, wie die Griechen meinten, oder zweiundneunzig, wie wir heute wissen, spielt dabei keine entscheidende Rolle. Was zählt, ist die Tatsache, daß nur ein paar Dutzend Atome existieren und nicht Billionen. Aus einer Handvoll Buchstaben entsteht die unendliche Vielfalt der Weltliteratur, ein paar Dutzend Atome, unendlich reproduziert, bilden die Welt.

Moderne Physiker halten nicht nur an der Idee von der Gleichheit der subatomaren Teilchen fest, sondern treiben sie noch auf die Spitze, indem sie das Konzept der Ununterscheidbarkeit einführen. Wenn zwei gewöhnliche Objekte – Pfennigstücke oder Stecknadeln zum Beispiel – identisch sind, lassen sie sich immer noch durch die Position unterscheiden, die sie relativ zueinander einnehmen. Wir können sagen: das linke Pfennigstück und das rechte, das obere und das untere, das vordere und das hintere. Mag es den Objekten also auch an individuellen, sie kenntlich machenden Eigenschaften fehlen, ihre Besonderheit gewinnen sie aus ihrer Lage im Raum.

Doch in der Quantenphysik, wo das Unbestimmtheitsprinzip

herrscht, ist der exakte Ort ohne Bedeutung. Auf das winzige Volumen eines Atoms eingeschränkt, sind die Bahnen zweier Elektronen oder Quarks so verwischt, daß es prinzipiell unmöglich ist, sie auseinanderzuhalten. Gemessen an der Identität von Pfennigstücken oder Stecknadeln, sind sie mehr als identisch – sie sind ununterscheidbar, und jede Formulierung, die ausdrücklich Elektron Nummer eins oder Elektron Nummer zwei hervorhebt, ist falsch. In der klassischen Physik oder der Alltagswelt gibt es nichts, was mit dieser Ununterscheidbarkeit subatomarer Teilchen vergleichbar wäre.

Um zu verstehen, wie Ununterscheidbarkeit Kooperation und Konkurrenz hervorruft, müssen wir das Verhalten von Bosonen und Fermionen betrachten. Obwohl gegensätzlicher Natur, haben die Verhaltensweisen beider Teilchenarten etwas mit Wechselwirkungen und nicht mit Eigenschaften wie Masse und Ladung zu tun, die in den Teilchen selbst liegen. Wechselwirkungen wiederum werden gewöhnlich als Kräfte ausgedrückt – etwa als Anziehung zwischen Erde und Mond oder elektrische Abstoßung zwischen zwei Elektronen. Die Konsequenzen der Ununterscheidbarkeit dagegen können nicht auf diese Weise beschrieben werden. Weder die Tendenz von Bosonen zu gemeinsamem Verhalten noch das Konkurrenzbestreben von Fermionen läßt sich auf Kräfte zurückführen. Die Wechselwirkungen sind von noch grundsätzlicherer Art.

Heute geht man in der Physik davon aus, daß alle bekannten Kräfte in der Natur durch Teilchen vermittelt werden – der Elektromagnetismus beispielsweise durch Photonen und die Gravitation durch das hypothetische Graviton. Doch Kooperation und Konkurrenz geschehen ohne Vermittlung. Für beide Verhaltensweisen spielt der Abstand zwischen Teilchen keine Rolle, während der Grad der Abstoßung zwischen Elektronen oder der Anziehung, die ein Körper auf den anderen ausübt, entscheidend davon abhängt, wie weit sie voneinander entfernt sind. Folglich müssen wir das Verhalten von Bosonen und Fermionen untersuchen, um zu erklären, was es mit der Ununterscheidbarkeit auf sich hat und inwiefern sie Kooperation und Konkurrenz hervorruft.

Betrachten wir zum Vergleich, wie sich eineiige Zwillinge verhalten: Einige ziehen sich gleich an, um ihre Ähnlichkeit zu unterstreichen, andere versuchen, sich durch ihre Kleidung voneinander abzuheben. Die Neigung mancher Zwillinge, zusammenzuhalten, und anderer, in ständigem Zwist zu leben, ist ein universelles Thema. Kastor und Pollux, Urbild aller Zwillinge, sind bis zu ihrem Tod unzertrennlich. Dieser droht sie auseinanderzureißen, weil nur Pollux unsterblich ist. Zum Lohn für ihre außergewöhnliche brüderliche Zuneigung erlaubt ihnen ihr Vater Zeus, abwechselnd einen Tag im Hades, wohin die Sterblichen müssen, und einen Tag im Olymp, der Wohnstatt der Götter, zuzubringen. So teilten sie einen Anteil Unsterblichkeit unter sich auf, ein Akt höchster Kooperation. Dagegen zankten sich die biblischen Zwillinge Jakob und Esau schon vor der Geburt. Im Schoß der Mutter eingezwängt wie Quarks in einem Atomkern, fingen sie einen erbitterten Streit an, der fortdauerte, bis sie erwachsen und in weit entfernt liegende Regionen des Landes gezogen waren. Ob sich ein Zwillingspaar leiden oder nicht ausstehen kann, hängt von einem Zusammenspiel umweltbedingter und genetischer Einflüsse ab, doch wie kommt es zur Dichotomie zwischen Bosonen und Fermionen?

Sie ist eine Frage der Wahrscheinlichkeiten. Stellen wir uns mit Blick auf die Bosonen die vier Möglichkeiten vor, Kastor und Pollux auf ihre beiden Aufenthaltsorte im Jenseits zu verteilen: beide im Hades, beide im Olymp, Kastor im Hades und Pollux im Olymp und umgekehrt. In den ersten beiden Fällen, oder während fünfzig Prozent der Zeit, wären sie zusammen und täten das gleiche. Wenn die Zwillingsbrüder jedoch nicht nur eineiig, sondern wirklich ununterscheidbar wären, blieben nur noch drei Möglichkeiten: beide im Hades, beide im Olymp oder der eine hier und der andere dort. Aussagen wie «Kastor im Hades und Pollux im Olymp» wären sinnlos. Damit wären die Zwillinge in zwei von drei Fällen zusammen, was einer Kooperationswahrscheinlichkeit von 66,7 Prozent entspricht. Übertragen wir dieses Argument auf die beiden Teilchen, so erhöht sich für sie die Wahrscheinlichkeit gemeinsamen Verhaltens um

16,7 Prozent. So unerheblich dieser Unterschied auch erscheinen mag, unter dem Gesichtspunkt einer Wahrscheinlichkeit, die Billionen von Teilchen erfaßt, reicht er aus, um beispielsweise Laserlicht entstehen zu lassen.

Auch das Verhalten von Fermionen läßt sich statistisch beschreiben, obwohl man sich zunächst ganz anders mit ihnen beschäftigte. Anfang der zwanziger Jahre stellte sich Wolfgang Pauli an der Universität Hamburg die Frage, warum Elektronen nicht unter dem Einfluß der Anziehungskraft des Kerns zum innersten Energieniveau des Atoms absteigen, da sie doch bestrebt sind, den niedrigstmöglichen Energiezustand anzunehmen, so wie Wasser immer in die tiefsten Regionen fließt. Mit anderen Worten, was hindert das Atom daran, wie ein mißlungenes Soufflé zusammenzufallen? Pauli gelangte zu dem Schluß, daß Elektronen nicht absteigen, weil sie es nicht können. Das Paulische Ausschließungsprinzip, wie seine Theorie später genannt wurde, stellt einfach fest, daß es in jedem Zustand nur Platz für ein einziges Elektron gibt.

Statistisch ausgedrückt: Nach dem Ausschließungsprinzip ist die Wahrscheinlichkeit null, daß sich zwei Elektronen mit identischem Spin jemals gleichzeitig mit gleicher Geschwindigkeit in die gleiche Richtung bewegen. Und genau das hat Fermi mit der Wellengleichung nachgewiesen, jenem mathematischen Instrument, mit dem die Quantentheorie den Wellencharakter subatomarer Teilchen beschreibt. Dabei rechnete er aus, wie groß die Wahrscheinlichkeit ist, zwei Objekte gemeinsam in einem von zwei Zuständen anzutreffen, und fand drei Möglichkeiten. Wenn die Objekte wie Murmeln oder Tennisbälle unterscheidbar sind, beträgt die Wahrscheinlichkeit 50 Prozent. Handelt es sich bei den Objekten hingegen um subatomare Teilchen und sind sie infolgedessen ununterscheidbar, beträgt die Wahrscheinlichkeit entweder 66,7 Prozent (Bosonen) oder null (Fermionen).

Es mag seltsam erscheinen, daß Ununterscheidbarkeit zu so widersprüchlichen Eigenschaften führt, wie sie Bosonen und Fermionen zeigen, aber die Situation ist gar nicht so selten. Ein schönes Beispiel sind die beiden heute in den Staaten der Erde vorherrschenden Formen des Gesellschaftsvertrages: Die gleiche einfache Annahme – alle Frauen und Männer werden gleich geboren – liegt sowohl dem Kommunismus, der in seiner Idealform mit absoluter wirtschaftlicher Kooperation einhergeht, als auch dem egalitären Kapitalismus zugrunde, der im Prinzip ein System freier Konkurrenz anstrebt – gleiche Chancen für alle. Beide Systeme könnten nicht verschiedener sein, trotzdem beruhen sie auf der gleichen Voraussetzung. Und genauso verhält es sich mit subatomaren Teilchen: Das Prinzip der Ununterscheidbarkeit unterteilt die Welt in Bosonen und Fermionen. Obwohl wir noch weit davon entfernt sind zu verstehen, warum das so ist, wissen wir, daß die Welt ganz anders aussähe, wenn es nicht so wäre.

Wenn es keine Fermionen gäbe, wären alle Atome gleich – die Elektronen würden die Kerne in einem engen, dichten Streifen, ähnlich den Saturnringen, umkreisen. Doch da Elektronen Fermionen sind und dem Ausschließungsprinzip gehorchen, besetzen sie immer höhere Energieniveaus und kreisen in immer weiteren Bahnen oder Orbitalen, je mehr von ihnen sich um einen Kern versammeln. Das erklärt, warum jedes Atom im Periodensystem eine eigene Konfiguration und damit auch besondere physikalische Eigenschaften besitzt. Etwas vereinfacht: Das Konkurrenzstreben der Fermionen ist für den Aufbau aller Dinge, von Wassermolekülen bis zu Menschen, verantwortlich.

Auch die großräumigen Objekte im Universum verdanken ihren Aufbau zum Teil den Fermionen. Während die Form der Sonne und der meisten anderen Sterne weitgehend auf ein empfindliches Gleichgewicht zwischen der Anziehungskraft der Gravitation und dem nach außen gerichteten Druck der heißen Gase zurückgeht, aus denen Sterne bestehen, gibt es eine Gruppe von stellaren Objekten, deren Form allein von der Konkurrenz der Fermionen abhängt: weiße Zwerge und Neutronensterne – winzige, kalte Leichen, deren Leuchtkraft erloschen ist und deren wirbelnde Gase den Kampf gegen die Schwerkraft aufgegeben haben. Das einzige, was weiße Zwerge und

Neutronensterne am Kollaps hindert, ist das Ausschließungsprinzip. Bei weißen Zwergen hat die Gravitation Elektronen von ihren Atomen abgezogen und sie so dicht zusammengepreßt, daß jede weitere Kompression die Elektronen zum Verstoß gegen ihr Abkommen zwänge, einander zu meiden. Zu ähnlicher Dichte komprimiert sind Neutronensterne, nur wiegt in ihnen das Distanzbestreben der ebenfalls zu den Fermionen gehörenden Neutronen die Gravitation auf.

Während die Konkurrenz der Fermionen weitgehend für die Vielfalt des Universums verantwortlich ist, liefern die Bosonen durch ihre Kooperation Energie. Einige der eindrucksvollsten Beweise ihrer kollektiven Macht sind in technischen Geräten verkörpert. Nehmen wir beispielsweise den Laser. Wenn ein Photon mit einer spezifischen, reinen Farbe und bestimmter Richtung auf ein Atom trifft, kann es absorbiert werden, abprallen oder ein zweites Photon herausschlagen. Im letzten Falle spricht man von angeregter Emission *(stimulated emission)*; auf ihr beruht der Laser. Da Bosonen kooperieren, wird das zweite Photon sich im gleichen Bewegungszustand wie das erste befinden und folglich von gleicher Farbe sein. Mithin sind dort, wo zuvor nur eines war, jetzt zwei identische Lichtquanten. Wenn jedes wiederum auf ein weiteres Atom mit genügend Energie stößt, wird es bald vier, dann acht und schließlich eine ganze Lawine geben. Genau dies ist mit «Laser» gemeint, eine Abkürzung, die für *light amplification by stimulated emission of radiation* steht, zu deutsch: Lichtverstärkung durch angeregte Strahlungsemission. Sein besonderes Licht verdankt der Laser dem Kooperationsbestreben von Photonen: Die Farbe ist ungewöhnlich rein, und weil alle Photonen die gleiche Richtung haben, streut der Strahl weit weniger als beispielsweise der einer gewöhnlichen Taschenlampe.

Da Kooperation und Konkurrenz so gegensätzliche Auswirkungen haben, sollte man meinen, daß sie unvereinbar sind. Und doch lassen sie sich kombinieren. Eines der eindrucksvollsten Beispiele ist die Supraleitfähigkeit – der Fortfall des elektrischen Widerstands bei niedrigen Temperaturen. 1911 von dem holländischen Physiker Heike Kamerlingh Onnes entdeckt, konnte der Effekt erst vier Jahrzehnte später vollständig erklärt werden, und eine Anwendung in größerem Maßstab rückte erst in den Bereich des Möglichen, als sich herausstellte, daß die Supraleitfähigkeit in manchen Stoffen bei höheren, leichter herstellbaren Temperaturen auftritt.

Das Phänomen, das der Supraleitfähigkeit zugrunde liegt, sind gepaarte Elektronen. Die Partner eines jeden Paares können, da sie Fermionen sind, nicht identische Bewegungszustände aufweisen. Und in der Tat tragen sie dem Ausschließungsprinzip durch entgegengesetzte Spins Rechnung. Doch als Einheiten verhalten sich die Paare wie Bosonen. Wiederum können wir menschliches Verhalten zum Vergleich heranziehen: Bevor die Menschen verheiratet sind, befinden sie sich, evolutionär gesehen, mit jedem anderen im Zustand sexueller Konkurrenz; sie verhalten sich wie Fermionen. Doch sobald sie verheiratet sind, findet die Konkurrenz, zumindest theoretisch, ein Ende, und Kooperation setzt ein: Das Paar verhält sich wie ein Boson. In elektrischen Leitern werden gepaarte Elektronen nach ihrem Entdecker Leon N. Cooper von der Brown University als Cooper-Paare bezeichnet.

Cooper-Paare können sich nicht bei Zimmertemperatur bilden – nicht nur, weil sich Elektronen gegenseitig abstoßen, sondern auch, weil sie das Gedränge, das zwischen Atomen warmer Stoffe auftritt, voneinander fernhält. Nun erkannte Cooper, daß Elektronen bei sehr niedrigen Temperaturen, wenn die Bewegung von Atomen praktisch zum Erliegen kommt, einen, wenn auch schwachen, Zusammenhalt entwickeln können. Dabei zieht ein Elektron die positiven Kerne der umliegenden Atome etwas näher als üblicherweise an sich heran. So umgibt sich das Elektron mit einer positiven Ladungswolke, die nun ein zweites Elektron anzieht, so daß ein Paar entsteht.

Sobald man ein Cooper-Paar mit Hilfe eines Magneten veranlaßt, in einer Drahtspule zu kreisen, fallen alle anderen Elektronenpaare aufgrund ihrer Bosonennatur in diese Bewegung ein. Im Gegensatz zu einem Strom ungepaarter Elektronen stößt ein Strom aus Cooper-Paaren auf keinen Widerstand und setzt seinen Fluß endlos fort. (Alle Paare nehmen den gleichen quantenmechanischen Bewegungszustand ein, und um diesen Zustand zu stören, wäre ein Energiezufluß aus einer externen Quelle erforderlich.)

Es gibt einen ähnlichen mechanischen Effekt, der noch keine Nutzanwendung gefunden hat: Auch Heliumatome, die selbst aus Fermionen bestehen – aus je zwei Protonen, Neutronen und Elektronen –, neigen zu bosonenartiger Kooperation. Infolgedessen wird flüssiges Helium bei sehr niedrigen Temperaturen suprafluid. Deshalb setzt ein Wirbel in einer Tasse mit flüssigem Helium seine Bewegung endlos fort, da das wilde Gedränge der Atome, das solche Wirbel in einer Tasse Kaffee rasch zum Stillstand bringt, der geordneten Bewegung der Bosonen gänzlich fehlt.

So unnatürlich sie auch erscheinen mögen – Supraleitfähigkeit und Suprafluidität sind natürliche Konsequenzen der Ununterscheidbarkeit; damit gelangen wir zu der wahren Bedeutung dieses elementarsten aller Prinzipien. Mit der Ausrichtung unserer Aufmerksamkeit auf Kooperation und Konkurrenz – die einfachsten Wechselwirkungen, die vorstellbar sind – hat die Ununterscheidbarkeit die fundamentale Verknüpftheit der materiellen Welt aufscheinen lassen. Sie hat uns zu der Erkenntnis getrieben, daß die Beziehungen zwischen letzten Dingen so wichtig sind wie diese Dinge selbst.

NULL KELVIN

Vor ein paar Tagen flog im hellen Tageslicht ein Seidenschwanz auf das Spiegelbild einer Stechpalme in der Fensterscheibe unserer Veranda zu, prallte gegen das Glas und brach sich das Genick. Der Unfall zeigt, wie heimtückisch unsichtbare Barrieren sind. So unerwartet wie unüberwindlich, wohnt ihnen eine finstere Macht inne, bis wir sie verstanden und in den Griff bekommen haben. Die Instinkte, die der Seidenschwanz in der natürlichen Welt entwickelt hat, versagten gegenüber der Glaswand, lag sie doch weit jenseits seines Erfahrungshorizonts.

An unsichtbaren Barrieren in der Physik brechen wir uns zwar nicht das Genick, aber dafür bremsen sie unsere vorgefaßten Meinungen im schönsten Flug und lassen sie am Boden zerschellen. Eine solche Barriere ist der Rand des beobachtbaren Universums – der kosmische Horizont –, eine andere die relativistische Geschwindigkeitsgrenze, die kein Objekt überschreiten kann. Bestürzend sind sie, weil sich das außerordentlich Große und das außerordentlich Schnelle unserer Erfahrung entzieht. Eine dritte derartige Barriere ist der absolute Nullpunkt, der Zustand, in dem sich Materie nicht weiter abkühlen läßt und in dem alle Molekularbewegung aufhört. Wie eine unsichtbare Wand hält uns dieser Grundzustand auf und reißt uns aus der Illusion, wir verstünden Wärme und Temperatur. So zwingt er uns zu gründlicherem Nachdenken.

Als theoretisches Konzept tauchte der absolute Nullpunkt bereits 1699 in den Arbeiten des französischen Physikers Guillaume Amontons auf, der Experimente zur Temperaturmessung durchführte, doch noch ein Jahrhundert später wurde die Idee von den meisten Wissenschaftlern abgelehnt. 1804 erklärte der amerikanische Wissenschaftler Benjamin Thompson der Royal Society in London: «Alle Versuche, den Ort der absoluten Kälte auf der Skala des Thermometers zu bestimmen, müssen fruchtlos bleiben.» Und sein französischer Kollege Joseph Louis Gay-Lussac bezeichnete die Vorstellung als «völlig illusorisch». Erst Ende des 19. Jahrhunderts griff man die Idee wieder auf. Und heute, da die Endlichkeit des beobachtbaren Universums und die Geschwindigkeitsgrenze für Elementarteilchen – wenn auch nicht ganz verstanden – als gesichert gelten, sind der Bedeutung des absoluten Nullpunkts und seiner experimentellen Realisierung wichtige Projekte der modernen Pionierforschung gewidmet.

Die Schwierigkeiten, die das Konzept des absoluten Nullpunkts den Physikern im 19. Jahrhundert bereitete, stehen im Gegensatz zu der Leichtigkeit, mit der sich sein numerischer Wert aus der Beobachtung ableiten läßt, daß Materie schrumpft, wenn sie abkühlt. Wenn man eine bestimmte Menge Luft bei gleichbleibendem Druck von der Temperatur kochenden Wassers (100 Grad Celsius) auf die gefrierenden Wassers (0 Grad Celsius) abkühlt, verliert es ungefähr ein Viertel seines Volumens. Würde sich diese Tendenz fortsetzen, so wäre das Volumen bei –100 Grad Celsius auf die Hälfte, bei etwa –200 Grad Celsius auf ein Viertel und bei ungefähr –300 Grad Celsius auf null zurückgegangen. Da ein negatives Volumen nicht vorstellbar ist, kann die Lufttemperatur nicht unter diesen Wert fallen. Obwohl sich die Luft in Wirklichkeit verflüssigt, bevor sie den absoluten Nullpunkt erreicht, gelangt man, ausgehend von der Beziehung zwischen kontrahierenden Gasen und abnehmender Temperatur – einem zulässigen mathematischen Ansatz –, zum exakten Wert von –273,15 Grad Celsius.

Ein wichtiger Schritt in den Bemühungen, den absoluten Nullpunkt zu erreichen, gelang dem französischen Bergbauingenieur Louis-Paul Cailletet, als er Sauerstoff bei etwa –130 Grad Celsius verflüssigte. Kurz darauf wiederholte er das Kunststück mit Stickstoff bei –195 Grad Celsius. Beide Erfolge verschafften der Kryogenik, der «Kälteforschung», jeweils ein neues flüssiges Kühlmittel, das sich nun seinerseits zur Verflüssigung anderer Gase verwenden ließ. Die Herausforderung bestand darin, immer gewaltigere und bessere Apparate zu entwickeln, um hinreichend große und stabile Mengen der jeweiligen Flüssigkeit zu erhalten.

Als Heike Kamerlingh Onnes 1908 Helium bei –271,7 Grad Celsius verflüssigte, hatten die Kryogenik-Labors bereits das Aussehen von Industrieanlagen angenommen, vollgestopft mit Pumpen und Kompressoren, Rohren und Containern. Bis heute – inzwischen werden Temperaturen von weniger als einem Grad über dem Nullpunkt erreicht – hält diese Tendenz ungebrochen an; so zum Beispiel an der University of Florida in Gainesville, wo 1988 ein neues Kryogenik-Labor in Betrieb genommen wurde.

Aus zylindrischen Gruben im Keller des Labors ragen drei zwölf Meter hohe Kühlapparate wie Raketen durch die Fußböden der oberen Stockwerke empor. Ihre Oberflächen sind extrem fein poliert, damit sie das Licht reflektieren und so den Inhalt isolieren. Zwischen den Doppelwänden befindet sich ein Vakuum, das, da es kein wärmeleitendes Medium enthält, zusätzlichen thermischen Schutz bietet. Um alle Bewegung (die gleichbedeutend mit Wärme ist) zu minimieren, ruhen die Kühleinheiten auf fünfeinhalb Meter hohen Luftstoßdämpfern, die in fünf Tonnen schweren Betonblöcken verankert sind. Der Versuchsbereich ist von Stahl- und Kupferschirmen zum Schutz gegen Radiowellen umgeben, denn solche Wellen würden winzige elektrische Ströme erzeugen, aus denen wiederum Wärme entstünde, und die Räume, die die Kühlapparate beherbergen, sind schalldicht. Während der Experimente darf sich niemand in der Nähe der Apparaturen aufhalten (die Schwingungen eines einzigen Schritts könnten die Temperatur signifikant erhöhen); alle notwendigen Operationen werden ferngesteuert.

Die Erbauer dieser komplizierten Anlage haben die Absicht, ein Stück Kupfer auf ein Millionstel Kelvin über dem absoluten Nullpunkt abzukühlen (Kelvin ist die wissenschaftliche Temperatureinheit; 1 Kelvin entspricht –272,15 Grad Celsius, also 1 Grad Celsius über dem absoluten Nullpunkt, der zugleich Nullpunkt der Kelvin-Skala ist). Anschließend wollen sie bis zum heiligen Gral der Kryogenik vorstoßen: dem Nullpunkt selbst. Wenn es dem Gainesville-Team gelingt, sein erstes Ziel zu erreichen, dann übertrifft es den 1987 an der Universität Bayreuth aufgestellten Kälterekord um 11 Mikrokelvin – eine bemerkenswerte Leistung in der Welt der Kryogenik. Doch wenn es auch noch den nächsten Schritt vollzieht, dann hat es das Unmögliche vollbracht, denn der Dritte Hauptsatz der Thermodynamik schließt unmißverständlich aus, daß irgendein Objekt den absoluten Nullpunkt erreichen kann.

Die Sätze der Thermodynamik werden gewöhnlich als Einschränkungen formuliert, die keinerlei Ausnahmen zulassen. Nach dem Ersten Hauptsatz (auch als Energiesatz bekannt) kann Energie weder erzeugt noch vernichtet, sondern nur umgewandelt werden. Der Zweite Hauptsatz, der die Richtung des Wärmeflusses betrifft, legt fest, daß während jeder Energieumwandlung ein gewisser Betrag zerstreut wird und deshalb für die Verrichtung von Arbeit nicht zur Verfügung steht. Wer behaupte, eines dieser Gesetze umgangen zu haben (indem er etwa eine Maschine erfunden hätte, die – im ersten Fall – mehr Energie erzeugte, als sie verbrauchte, oder – im zweiten Fall – eine hundertprozentige Energieausnutzung aufwiese), würde als Narr oder Betrüger gelten. Anscheinend haben sich also die Physiker von Gainesville mit ihrem Versuch, den Dritten Hauptsatz zu widerlegen, auf ein Unternehmen eingelassen, das zum Scheitern verurteilt ist.

Vielleicht aber auch nicht. Der Dritte Hauptsatz der Thermodynamik ist nicht ganz so klar wie die ersten beiden; er ist auch nicht so eindeutig bewiesen. Angesichts der modernen Entwicklungen in der Kryogenik ist er sogar noch fraglicher geworden. Und genau diese Ungewißheit, die den Dritten Hauptsatz umgibt – die Möglichkeit von Lücken und Verstößen –, macht ihn für Physiker wie die der University of Florida so interessant. Der Erste und der Zweite Hauptsatz nehmen dank ihrer Eleganz, ihrer logischen Stringenz und ihres

Erklärungswertes eine beherrschende Stellung in der Physik ein, aber sie liefern so gut wie keine Anregungen für experimentelle und theoretische Forschung, während die Ausschließung des absoluten Nullpunkts sehr interessante Fragen über die innerste Natur der Materie aufwirft. Damit wird der Dritte Hauptsatz vielleicht zum Aschenputtel der Thermodynamik, das am Ende seine älteren und bekannteren Stiefschwestern überstrahlt.

Der Erste Hauptsatz, in den vierziger Jahren des 19. Jahrhunderts von dem deutschen Physiker Hermann von Helmholtz aufgestellt, ist von allen dreien am leichtesten zu akzeptieren – großenteils weil er am leichtesten zu verstehen ist. Wenn Haushaltsgeräte Elektrizität in Bewegung, Wärme und Licht umwandeln, nimmt die Energie weder zu noch ab, sondern verändert einfach ihre Form. Das gleiche gilt für Umwandlungen, die auf den ersten Blick unwahrscheinlich erscheinen – beispielsweise die Erzeugung von Feuer durch Reiben zweier Holzstöcke (mechanische Energie wird in Wärme umgewandelt, die, wenn sie stark genug ist, die Atombindungen im Holz aufhebt und die chemische Energie in Gestalt von Feuer freisetzt). Aus jeder Konfrontation mit neuen Erkenntnissen über Energie (auch der Entdekkung ihrer intensivsten Form, der Kernstrahlung, die Ende des 19. Jahrhunderts gelang, und der Masse-Energie-Äquivalenz einige Jahre später) ging der Erste Hauptsatz der Thermodynamik gestärkt hervor. In keiner Größenordnung – vom subnuklearen bis zum kosmischen Bereich – hat es jemals den geringsten Hinweis auf einen Verstoß gegen diesen Satz gegeben.

Der Zweite Hauptsatz der Thermodynamik ist, zumindest in seiner modernen Form, abstrakter als der erste, beruht aber auf einer alltäglichen Beobachtung: Wenn zwei Körper – etwa ein Paar Kupferblöcke – von unterschiedlicher Temperatur in Berührung kommen, fließt die Wärme immer vom wärmeren zum kälteren. Tatsächlich hat der deutsche Physiker Rudolf J. Clausius den Zweiten Hauptsatz mit derart operativen Begriffen aufgestellt, ohne die zugrundeliegenden Mechanismen wirklich zu verstehen. Im Ersten Satz hindert nichts die thermische Energie daran, von einem kalten zu einem warmen

Körper überzugehen und diesen noch wärmer werden zu lassen; die Energie bleibt erhalten, egal in welche Richtung sie fließt. Deshalb besitzt der Zweite Hauptsatz eigenständige Geltung als unabhängiges thermodynamisches Prinzip.

Die Bedeutung dieses Gesetzes zeigt sich, wenn man die Bewegung der Wärmeenergie im Kontext der ihr zugrundeliegenden atomaren Aktivität begreift. 1872 erkannte der österreichische Physiker Ludwig Boltzmann, daß atomare Unordnung eine entscheidende thermodynamische Größe ist, und gab dem Zweiten Hauptsatz seine moderne Form: In jedem physikalischen System nimmt die Unordnung unter natürlichen Bedingungen zu, und diese Tendenz läßt sich nur durch Arbeit umkehren. Stellen wir uns ein ordentliches Kinderzimmer vor, in dem das Spielzeug säuberlich in einen Schrank geräumt ist. Nun kommt ein Kind herein und beginnt zu spielen, wobei es die Spielsachen leichthin in alle Himmelsrichtungen zerstreut. Wie Eltern nur zu gut wissen, kostet es größere Mühe, die Unordnung wieder zu beseitigen, als sie anzurichten. Die Ursache für diese Diskrepanz liegt im statistischen Charakter der Ordnung: Es gibt weit mehr Möglichkeiten, die Spielsachen im Zimmer umherzuwerfen, als sie im Schrank zu ordnen. Angesichts der Gesamtzahl möglicher Konfigurationen ist Unordnung einfach wahrscheinlicher als Ordnung. Gleiches gilt für die Moleküle in, sagen wir, einer Wolke oder auch einem anscheinend so stabilen Objekt wie einem Kupferblock. Tatsächlich stehen die Chancen eines geordneten molekularen Zustands in gasförmigen, flüssigen und festen Körpern so ungeheuer schlecht, daß die Unordnung im Laufe der Zeit mit an Sicherheit grenzender Wahrscheinlichkeit anwachsen muß.

Boltzmann hat gezeigt – und darin liegt seine besondere Leistung –, in welcher Beziehung die Unordnung auf atomarer Ebene zum Wärmefluß steht. Wie er bewiesen hat, wächst der Gesamtbetrag der Unordnung in zwei Körpern, wenn die Wärme vom warmen zum kalten fließt. Entscheidend an diesem Beweis ist die Erkenntnis, daß die Temperatur ein Maß für die Geschwindigkeit von Molekülen ist, mit anderen Worten, daß Moleküle eines warmen Objekts rasch umherspringen und infolgedessen über ein hohes Maß an Bewegungsenergie verfügen, während sich die Moleküle eines kalten Objekts relativ träge bewegen. Stellen wir uns einen kalten Kupferblock vor, der unterhalb eines warmen steht. Anfangs bilden die umherhüpfenden Moleküle zwei sauber geordnete Stapel – geringe Geschwindigkeiten unten, hohe Geschwindigkeiten oben. Im Laufe einer Stunde verändern sich zwar die Positionen der Moleküle in den beiden Blöcken kaum, wohl aber ihre Geschwindigkeiten. Innerhalb der Blöcke und vor allem entlang der Fläche, an der sie aufeinandertreffen, prallen warme, schnelle Teilchen mit kalten, langsamen zusammen und übertragen ihre Energie auf diese. Nach mehreren Stunden haben sich hohe und niedrige Geschwindigkeiten oben und unten, rechts und links gemischt. Insgesamt hat die Unordnung zugenommen.

Dabei schließt der Zweite Hauptsatz die Möglichkeit nicht aus, daß die Wärme gewissermaßen bergauf, von einem kalten zu einem warmen Objekt, wandert oder daß Ordnung aus Unordnung entsteht. Er besagt lediglich, daß eine solche Umkehrung des natürlichen Flusses einen Zustrom von Energie erfordert – etwa eine stete Versorgung mit Elektrizität. Nach einem Beweis brauchen wir nicht lange zu suchen; ein Gang in die Küche genügt: Der Kühlschrank entzieht seinem Innern Wärme und gibt sie mittels eines an der Rückseite angebrachten Metallgitters an seine Umgebung ab.

Dagegen läßt sich der Dritte Hauptsatz der Thermodynamik nicht anhand von Küchengeräten erläutern, denn im Unterschied zum Ersten und Zweiten Hauptsatz, die sich auf das gesamte Spektrum der Temperaturen beziehen, erfaßt er einen weit schwerer zugänglichen Bereich – den extrem niedriger Temperaturen. Zweifellos liegt es am exotischen Charakter dieses Bereichs, daß der Dritte Hauptsatz als letzter des Trios vorgeschlagen wurde, und zwar 1906 von Walther Nernst von der Universität Berlin (ein Beitrag, für den er 1920 den Chemie-Nobelpreis bekam).

Früher hatte man angenommen, bei entsprechender Kühlung würden Moleküle und Atome ihre Bewegung allmählich verlangsamen, bis sie am absoluten Nullpunkt zum Stillstand kämen. Doch nach der quantenmechanischen Theorie der Materie, die um die Jahrhundertwende entstand, kann der niedrigste Energiezustand, den ein Atom anzunehmen vermag, seine sogenannte Grundzustandsenergie, nicht gleich null sein. Stets bleibt ein geringfügiges, irreduzibles Zittern, das sich theoretisch beschreiben und experimentell messen läßt. Die mit diesem Zustand verknüpfte Energie kann man nicht auf andere Objekte übertragen (sie vermag nicht zu «fließen») oder als Wärme deuten, weshalb sie auch nicht als Unordnung gewertet wird. (Denken wir noch einmal an das Kinderzimmer, wobei wir uns diesmal aber vorstellen, die Spielsachen bestünden ausschließlich aus Uhren verschiedener Größe und Form. Der Gang der Uhrwerke – ihr inneres Zittern – hat keinerlei Bedeutung für die Ordnung im Zimmer, für die Frage, ob die Spielsachen in den Schrank geräumt oder auf dem Fußboden verstreut sind.) Durch Überlegungen dieser Art gelangte Nernst zu einem neuen Verständnis des absoluten Nullpunkts: er bedeute nicht das Fehlen von Bewegung, sondern das Fehlen von Unordnung oder einen Zustand vollkommener Ordnung – das besagte die erste Version des Dritten Hauptsatzes der Thermodynamik.

Als Nernst sechs Jahre später die spezifische Wärme – die Wärmemenge, die verlorengeht, wenn die Temperatur um ein Grad sinkt – bestimmter chemischer Elemente untersuchte, entdeckte er eine bemerkenswerte Tatsache: Bei der Annäherung an den absoluten Nullpunkt oder die vollkommene Ordnung ist jeder Schritt schwieriger als der vorangegangene. Mit jedem weiteren Wärmeentzug sinkt die Temperatur in immer geringerem Maße. Nernst vermutete, daß diese Beziehung nicht eine bloß zufällige Eigenschaft bestimmter Stoffe sei, sondern ein generelles Merkmal aller Materie. Da er das Phänomen auf die Schwierigkeit zurückführte, eine große Anzahl ungebärdiger Moleküle in einen einzigen Zustand vollkommener Ordnung zu bringen (die Wahrscheinlichkeit ist ungeheuer groß, daß sich zumindest ein paar Moleküle dem Zugriff entziehen), schlug Nernst eine stärkere Form des Dritten Hauptsatzes vor: Der absolute Nullpunkt ist unerreichbar.

Betrachten wir zum Vergleich ein ähnliches Verbot, das in einem anderen Zusammenhang gilt: Einsteins Behauptung, daß Objekte nicht die Lichtgeschwindigkeit erreichen können. Als er das Gesetz erstmals vorschlug, erschien es vielen suspekt, weil das Phänomen ohne eine spezifische Gegenkraft auftreten sollte. Doch später wies Einstein nach, daß die Masse eines Objekts anwächst, während sich seine Bewegung beschleunigt (wie es die Formel $E = mc^2$ zum Ausdruck bringt). Daraus schloß er, daß die Energie, die erforderlich ist, um ein Objekt, das sich der Lichtgeschwindigkeit nähert, weiter zu beschleunigen, gegen unendlich geht. Durch eine Veränderung der Variablen, von Geschwindigkeit zu Energie, wurde ein unverständliche Grenze plausibel. In ähnlicher Weise tauschte Nernst die Variablen aus: nicht mehr das Fehlen von Bewegung, sondern das Fehlen von Unordnung ist der Bestimmungsfaktor des absoluten Nullpunkts, und damit wird Nernsts Verdikt verständlich: Wenn sich ein Objekt einem Zustand vollkommener Ordnung nähert, geht die Mühe – die Leistung –, die erforderlich ist, die verbleibende Unordnung zu beseitigen, gegen unendlich. An der Realität dieser Barriere besteht kein Zweifel; sie ist im Labor wiederholt bestätigt worden. Doch ob tatsächlich in allen Fällen unendlich hohe Leistung erforderlich ist, um den absoluten Nullpunkt zu erreichen, ist weniger gewiß. Gilt der Dritte Hauptsatz stets und überall zwingend? Diese Frage beschäftigt die Wissenschaftler in Gainesville.

Daß sich die Frage überhaupt stellt, liegt an der statistischen Natur der Ordnung. Grundsätzlich gibt es eine kleine Wahrscheinlichkeit, daß ein Objekt die Temperatur von einem Milliardstel oder gar null Kelvin annimmt. Bei makroskopischen Systemen wie Kupferblöcken ist diese Wahrscheinlichkeit verschwindend gering, bestehen sie doch aus Billionen Atomen. Dagegen könnte ein einzelnes Atom leicht in seinen Grundzustand gelangen und damit den absoluten Nullpunkt erreichen – wenn das Konzept hier anwendbar wäre. Ist es aber nicht. Temperatur ist ein Maß für die zufällige Bewegung – die Wärmeenergie – einer Gruppe von Teilchen und verliert deshalb bei einem einzigen Atom seine Bedeutung.

Alle Zweifel, die der Dritte Hauptsatz möglicherweise weckt, betreffen Materie, die sich zwischen der Makro- und der Mikrowelt befindet, vor allem solche, die näher am mikroskopischen Ende des Spektrums liegt, wo die Wahrscheinlichkeit, daß zufällige Bewegungen zum Erliegen kommen, am größten ist (weniger Atome heißt, daß sie nicht so viele Möglichkeiten haben, ungeordnet zu sein). In den letzten Jahren erfreuen sich Objekte dieser Art, wegen ihrer Zwischenstellung mesoskopisch genannt, zunehmender Beliebtheit in der physikalischen Forschung. Da sie aus wenigen Atomen bestehen, sind sie nur unter leistungsfähigen Mikroskopen zu erkennen, und sie bewohnen ein Niemandsland, wo der elektrische Widerstand, normalerweise eine feste Eigenschaft von Stoffen, wilden Schwankungen unterworfen ist, wo eine winzige Störung an der einen Seite des Objekts die andere in Mitleidenschaft ziehen kann, wo, mit anderen Worten, die herkömmlichen Gesetze der Physik außer Kraft gesetzt zu sein scheinen. So bestehen gute Aussichten, daß mesoskopische Objekte die richtige Größe haben, um den Abstand zwischen einem Mikrokelvin und Null zu überbrücken (wenn das Kind nur zwei Spielsachen hat, könnte es diese rein zufällig ins richtige Schrankfach legen). Auf diese winzige statistische Möglichkeit setzen die Gainesviller Physiker ihre ganze Hoffnung.

Der von ihnen verwendete Kryoprozeß, magnetische Kühlung genannt, ist in zwei Phasen unterteilt. In der ersten legt man Kupferproben zwischen die Pole eines starken Elektromagneten und bringt sie auf die niedrigste Temperatur, die mit herkömmlichen Mitteln zu erreichen ist – durch ein Bad in flüssigem Helium. Im entscheidenden zweiten Abschnitt wird der Magnet abgeschaltet. Im Laufe von zwei oder drei Tagen fällt die Temperatur des Kupfers dann spontan auf ein noch niedrigeres Niveau.

Die magnetische Kühlung beruht auf dem Prinzip, daß sich in der Wärme eines Objektes die zufällige Bewegung der Teilchen ausdrückt, aus denen es besteht. Da sich Atomkerne wie winzige Magneten verhalten, reagieren sie auf ein externes Magnetfeld mit paralleler Ausrichtung – wie Kompaßnadeln im Magnetfeld der Erde.

Hebt man das magnetische Feld auf, nehmen die Kerne durch Stöße mit ihren Nachbarn wieder eine zufällige Ausrichtung an. Solche Stöße bremsen die Atome ab und verringern infolgedessen die Temperatur.

Der Vorgang läßt sich beliebig oft wiederholen, allerdings wachsen die technischen Schwierigkeiten mit jedem Schritt. Bei Temperaturen, die sich dem absoluten Nullpunkt nähern, erweist sich die minimale Wärmemenge, die von der Restradioaktivität in den Baustoffen ausgesandt wird, als besonders unangenehmes Problem. Der Fallout der Atomwaffentests in den fünfziger Jahren, des Super-GAU in Tschernobyl und anderer Quellen hat sich heute über die gesamte Erdoberfläche ausgebreitet, so daß sich kaum Metalle finden lassen, die frei von radioaktiver Strahlung sind oder nicht während ihrer Verarbeitung kontaminiert werden, wenn sie in flüssiger Form mit der Oberfläche ihrer Behälter oder auch mit der Atmosphäre in Berührung kommen. Die Wissenschaftler in Gainesville hoffen, daß dieser Störfaktor zu gering ist, um ihre Kühlapparaturen zu beeinträchtigen.

Selbst unter günstigsten Bedingungen wird der Weg zum absoluten Nullpunkt weder kurz noch bequem sein. Das gilt einerseits für die Experimentaltechnik: Die Kühlanlagen werden größer, komplizierter und kostspieliger werden, die Proben dagegen immer kleiner. Da man die Wärmelecks immer schwerer erkennen wird, müssen aufwendige Isolierungsmaßnahmen getroffen werden. Andererseits nehmen auch die theoretischen Probleme zu: Irgendwann muß der Dritte Hauptsatz der Thermodynamik mit dem quantenmechanischen Verhalten mesoskopischer Systeme in Einklang gebracht werden. Die Formulierung wird vielleicht nicht so knapp und bündig sein wie Nernsts Feststellung, der absolute Nullpunkt sei nicht zu erreichen; dafür wird sie sich mit philosophischen Fragen auseinandersetzen müssen – zur Bedeutung der Quantenmechanik (Welche Beziehung besteht zwischen dem Zufall in der Thermodynamik und dem Zufall in der Quantentheorie?), zur Thermodynamik (Wird sich das, was wir über die Erreichbarkeit des absoluten Nullpunkts in Erfahrung bringen, in irgendeiner Weise auf unser Verständnis des Zweiten Hauptsatzes auswirken, der ebenfalls auf einem statistischen Modell des Verhaltens von Atomen beruht?) und zum Meßprozeß (Was für ein Thermometer kann extrem niedrige Temperaturen registrieren, ohne selbst Wärme zuzuführen?).

Die Arbeit entlang dieser Richtlinien hat gerade erst begonnen. Der Dritte Hauptsatz könnte als Fehler in die Geschichtsbücher eingehen. Oder er könnte als triviale Feststellung abgetan werden, ähnlich wie die Aussage, daß kein Objekt unendliche Energie besitzen kann, weil im Universum nicht genügend vorhanden ist. Vielleicht entdeckt man im Submikrokelvin-Bereich auch ein neues Phänomen, das die ganze Diskussion überflüssig macht. Umgekehrt könnte sich Nernsts Aussage aufgrund ihrer besonderen quantenmechanischen Natur als das wichtigste Gesetz der Thermodynamik erweisen. Angesichts so vieler Möglichkeiten kommt mir eine Bemerkung von Niels Bohr, dem Vater der Quantenmechanik, in den Sinn: «Während das Gegenteil einer wahren Aussage eine falsche Aussage ist, kann das Gegenteil einer grundlegenden Wahrheit durchaus eine andere grundlegende Wahrheit sein.» Im Unterschied zum Ersten und Zweiten Hauptsatz der Thermodynamik ist der Dritte gerade deshalb so faszinierend, weil er zur Entdeckung einer entgegengesetzten Wahrheit führen könnte.

DIE GESCHICHTE DER PHYSIK

Der Überlieferung zufolge stand über dem Tor zu Platons Akademie in Athen die abweisende Inschrift: «Niemand, der nicht im Geometrischen bewandert ist, darf hier eintreten.» Für Platon war die Geometrie der höchste Ausdruck der reinen Vernunft – abstrakt, unwandelbar, menschlichen Belangen entzogen, der absoluten Wahrheit so nah wie möglich. Sie galt ihm als ideale geistige Schulung für Philosophen. Deshalb erhielten die Schüler der Akademie – unter ihnen auch Aristoteles, dessen Denken die Physik fast zwei Jahrtausende hindurch bestimmen sollte – eine solide mathematische Ausbildung.

Doch Platon war nicht der einzige Lehrer in Athen. Noch angesehener und beliebter als seine Akademie war die Schule des Redners Isokrates. Mehr als fünfzig Jahre lang unterrichtete Isokrates die Elite der griechischen Jugend und übte somit großen Einfluß auf die Politiker, Autoren und Geschichtsschreiber seiner Zeit aus. Im Mittelpunkt seiner Philosophie stand *logos*, das Wort. Mittels der Sprache, so schrieb er, «haben wir zusammengefunden, Städte gegründet, Gesetze ersonnen und die Künste erschaffen». Kurzum, die Sprache hat uns zu Menschen gemacht. Während Platon auf dem Studium der Mathematik bestand, räumte Isokrates der Rhetorik, Literatur und Geschichte besondere Bedeutung ein. So sah sich die Wissenschaft, schon als sie sich im Schoße der Philosophie zu regen begann, vor eine grundlegende Entscheidung gestellt. Sollte sie Platon und seinem mathematischen Idealismus folgen oder sich an den literarischen und historischen Humanismus des Isokrates halten?

Zunächst schien die Entwicklung Isokrates' Weg zu folgen. Beispielsweise wurde Physik anfangs weitgehend narrativ dargestellt. In dem vielgerühmten Epos *Von der Natur* faßte der römische Dichter Lukrez die Atomtheorie des frühen griechischen Philosophen Epikur in Verse. In mehr als siebentausend Hexametern versucht er, die ganze Vielfalt, die wir in der Natur beobachten, aus einer Handvoll Grundprinzipien abzuleiten. Zwar nahm das Gedicht noch nicht die moderne Vorstellung von der Atomstruktur vorweg, aber es trug dazu bei, den atomistischen Materialismus – den Gedanken, alle Dinge im Universum seien aus Urmaterieteilchen zusammengesetzt – am Leben zu halten, eine Lehre, die zur Grundlage des modernen physikalischen Weltbildes wurde. Und sogar viel später noch, im 17. Jahrhundert, veröffentlichte Galilei seine wichtigsten mechanischen und astronomischen Entdeckungen in Form von Dialogen, die er im Umgangsitalienisch seiner Zeit abfaßte.

Doch das Ende dieser literarischen Form war schon in Sicht. In der zweiten Hälfte des 17. Jahrhunderts, Newtons Zeitalter, wurde die Gleichung anstelle des Wortes zum gängigen Kommunikationsmittel der Physik. Von da an bis in jüngste Zeit beschäftigte sich die Physik nur noch mit quantifizierbaren Fakten und der Klärung ihrer Wechselbeziehungen, ohne sich darum zu kümmern, wie das Universum zu dem geworden sein könnte, was es ist. Die eigentlichen Gegenstände der Physik galten als zeitlos: Man beschrieb die Bewegungsgesetze neu, indem man Symbole und Gleichungen verwendete statt Erzähltechniken wie Antizipation und Auflösung. Die Gravitation stehe, so hieß es, außerhalb der Geschichte und werde immer gleich bleiben. Natürlich spielt die Zeit auch nach damaliger Auffassung bei einzelnen Phänomenen wie dem Fall eines Apfels oder dem Erhitzen eines Kessels eine wichtige Rolle, aber nicht bei den fundamentalen Gesetzen, die den Verlauf solcher Ereignisse bestimmen.

Das Fehlen aller historischen Aspekte zeigte sich besonders deutlich bei der Untersuchung der Elementarteilchen, die im 20. Jahrhundert begann. In diesem Forschungsbereich wollte man die kleinsten Bausteine der Materie ermitteln, ihre Eigenschaften messen und herausfinden, wie sie wechselwirken. Alles, was man über Atomteilchen wissen wollte, ließ sich durch Zahlen darstellen. Im Hinblick auf die Erforschung der Materie hatte Platon offenbar den Sieg über Isokrates davongetragen.

Doch inzwischen hat sich die Situation gründlich verändert. In den letzten fünfzehn, zwanzig Jahren ist die Teilchenphysik mit der Kosmologie, der Lehre von Struktur und Entwicklung des Universums, zusammengewachsen. Offiziell wurde das Bündnis 1982 besiegelt, als die *Review of Particle Properties*, die Bibel der Hochenergiephysiker, erstmals von Resultaten aus der Astrophysik und Kosmologie berichtete – was in den nächsten Jahren häufiger geschehen sollte. Diese Zusammenarbeit zwischen der Wissenschaft vom unvorstellbar Kleinen und der vom unfaßbar Großen fand durch eine Reihe von Büchern Eingang in die populärwissenschaftliche Literatur. Den Anfang machte Steven Weinberg mit *Die ersten drei Minuten*, worin der Nobelpreisträger den kurzen, aber höchst folgenreichen Eröffnungsakt des Universums beschreibt. Zu den vielen Ergebnissen dieses Bündnisses zählt eines, das zwar häufig übersehen wird, deshalb aber nicht weniger bemerkenswert ist: Die Untersuchung der Materie ist zu einer Naturgeschichte geworden. Die Physik hat entdeckt, daß es eine Geschichte der Materie gibt, eine Erzählung im engeren Sinne des Wortes, mit einem spannenden Anfang, einem Mittelteil, der reich an Details ist und mit überraschenden Nebenhandlungen glänzt, und einem offenen Ende.

Der Physiker James Clerk Maxwell, der im 19. Jahrhundert die Theorie des Elektromagnetismus entwickelte, hat einmal gesagt: «Wenn wir uns für die großen Entdecker und ihr Leben zu interessieren beginnen, wird [Wissenschaft] erträglich, und erst wenn wir die Entwicklung der Ideen nachvollziehen, wird sie faszinierend.» Mit dieser erstaunlichen Bemerkung gibt einer der Großmeister des abstrakten Denkens zu, daß er sich von Geschichten hat verführen lassen. Was Maxwell im Sinn hatte, ließ sich nicht in der Physik seiner Zeit finden, sondern nur in der Geschichte der Physik. Dort waren die Geschichten zu entdecken.

Natürlich dürfen wir die Geschichte der Physik nicht mit der Geschichte der Materie verwechseln. Die Geschichte der Physik ist – wie die jeder anderen Wissenschaft – eine eigenständige Disziplin. Ihre Vertreter sind Historiker und keine Wissenschaftler, ihre Methoden und Ziele von denen der Physik so verschieden wie eine Bücherei von einem Beschleuniger. Dagegen setzt die Geschichte der Materie eine immanente historische Komponente voraus, und dieser Aspekt der Zeitlichkeit liegt im Gegenstand der wissenschaftlichen Untersuchung und nicht in der Entwicklung der Disziplin.

Das bekannteste Beispiel für eine Wissenschaft mit immanent historischem Charakter ist die Evolutionsbiologie. Etwa zur gleichen Zeit, als Maxwell Bücher in der Sprache der Infinitesimalrechnung schrieb, verfaßte Charles Darwin seine revolutionären Schriften *Die Entstehung der Arten* und *Die Abstammung des Menschen* in der Alltagssprache seiner britischen Zeitgenossen. Man kann sie als literarische Zeugnisse lesen, obwohl sie unzweifelhaft wissenschaftlicher Natur sind. Literarische Kunstgriffe – Exkurs, Nebenhandlung und Ausschmückung – gibt es in Hülle und Fülle. Wer kann schon der Faszination widerstehen, die von Darwins unterhaltsamen Geschichten über die technischen Fertigkeiten der Bienen, die grotesken Liebessitten des Laubenvogels oder die schrecklichen Kindermorde der Polynesier ausgeht?

Doch wichtiger als der literarische Reiz seiner Bücher war die Einführung der historischen Perspektive in die Biologie. Vor Darwin war die Biologie von der Taxonomie beherrscht, der statistischen Klassifikation. Neu gedeutet aus dem Blickwinkel der Evolutionstheorie, erhielt die Taxonomie Dynamik, und die Klassifikation mußte sich den Gesetzen der Abstammung fügen. Durch Einführung der zeitlichen Dimension verknüpfte Darwin in seiner Theorie eine Vielzahl isolierter taxonomischer Beobachtungen zu einer logischen Entwicklungssequenz – genauso wie der Stamm, die Äste und die Zweige eines Baums seine Blätter miteinander verbinden. Mit der Plattentektonik kam es zu einem ähnlichen Perspektivenwechsel in der Geologie. Während die Erdoberfläche einst als stationäres Mosaik aus Landmassen und Meeren galt, versteht man sie heute als dynamisches System, das sich in fortwährender, turbulenter Veränderung befindet und dessen Geschichte sich aus dem vorhandenen Gestein ablesen läßt.

In den letzten Jahren haben Physiker auch in ihrem eigenen Bereich Anzeichen für Unbeständigkeit entdeckt. Natürlich hat niemand je behauptet, Materie sei, äußerlich betrachtet, unveränderlich. Nahrung wird verdaut, Gas verbrennt, Bäume wachsen. Die Untersuchung solcher Transformationen ist die Aufgabe von Chemikern und Biologen. Doch das Substrat – die Atome, aus denen Pfeffersteaks, bleifreies Benzin und Douglas-Tannen bestehen – galt lange als unwandelbar. Und mit Ausnahme bestimmter seltener und gewaltsamer Phänomene (der radioaktive Zerfall gehört dazu) war diese Auffassung, zumindest nach geologischem Zeitmaß, auch richtig. Für einen Chemiker oder Geologen ist alles, was seine Identität unverändert über sechshundert Millionen Jahre beibehält – also zum Beispiel ein gewöhnliches Kohlenstoffatom – so gut wie unwandelbar. Doch da sich Kosmologen und Teilchenphysiker für grundlegende Fragen des Ursprungs interessieren, fassen sie längere Zeiträume ins Auge. Als sie die Zeiger der Uhr bis zum Beginn des Universums zurückdrehten, fanden sie heraus, daß das Kohlenstoffatom ein ganz anderes Leben geführt hat, bevor es in seine gegenwärtige Stabilitätsphase eintrat.

Die Anhaltspunkte, auf denen die Rekonstruktion dieser Geschichte beruhte, sind umfangreiche Daten aus den verschiedensten Quellen: Computersimulationen, Experimente mit Teilchenbeschleunigern und astronomische Beobachtungen mit Radioteleskopen, Detektoren für kosmische Strahlung in Fesselballons und Raumsonden. Beispielsweise wurde das Kohlenstoffatom im Innern eines Sterns aus drei Heliumatomen zusammengefügt und dann ins All geschleudert, als der Stern lange vor der Entstehung unseres Sonnensystems explodierte.

Entweder im selben Stern oder während des Urknalls, mit dem das Universum vor fünfzehn Milliarden Jahren seinen Anfang nahm, bildete sich das Helium aus Wasserstoff, welcher seinerseits aus Quarks entstanden war. Tatsächlich ist der dramatischste Teil der Materiegeschichte in den Anfangsmomenten des Universums zusammengedrängt – einer Episode, die so kurz war, daß sie von früheren Physikern vollkommen übersehen wurde.

Heute wissen wir, was wir entdecken würden, wenn wir in jene Anfangsphase zurückreisen könnten: Im zarten Alter von wenigen Minuten war das Universum in Licht getaucht. Davor war es wie der Kern einer Wasserstoffbombe – ein Inferno aus kochendem Helium. Dieses hatte sich aus einer brodelnden Suppe von Protonen und Neutronen gebildet, die ihrerseits aus Quarks zusammengeschmolzen waren.

Dem Beginn noch näher rückend, fänden wir eine Mischung zu gleichen Teilen aus Quarks und Antiquarks, aus Materie und Antimaterie und schließlich – als das Alter des Universums weniger als eine Quintillionstel Sekunde (10^{-30} Sekunden) betrug – eine Welt, in der der Begriff *Materie* noch keine Bedeutung hatte, weil sich alle uns bekannten Elementarteilchen (unter anderem Quarks, Antiquarks, Elektronen, Positronen, Myonen, Tau-Leptonen, Neutrinos, Vektorbosonen, Gluonen, selbst Lichtquanten) in einem gestaltlosen Brei ständig und rasch ineinander verwandelten. Hinsichtlich der Dramatik des Geschehens kann sich dieses Drei-Minuten-Epos durchaus mit der Genesis und anderen Schöpfungsmythen messen.

Doch wie Geschichte im allgemeinen mehr als bloße Beschreibung ist, so ist auch die der Materie nicht nur eine unterhaltsame Erzählung, sondern sie ermöglicht es uns zudem, die frühere und gegenwärtige Natur der Materie zu verstehen und die physikalischen Gesetze zu erkennen, die die Beziehung beider bestimmen. So sind wir in der Lage, Geschichte sowohl für Analysen als auch für Vorhersagen zu verwenden.

Ein schönes Beispiel für diese Analysefunktion ist der Beitrag, den die Kenntnis von der Geschichte der Materie für das Verständnis der Neutrinos leistet. Diese geisterhaften Teilchen, die bei bestimmten radioaktiven Zerfallsprozessen und bei Kernkollisionen in der Sonne und anderen Sternen erzeugt werden, durchstreifen das Universum in ungeheuren Mengen, scheinen aber am Aufbau der Materie nicht beteiligt zu sein. Noch vor kurzem hätte man meinen können, ihr Verlust würde die Welt kaum verändern, so wie man sich nicht vorstellen kann, daß der Welt viel fehlen würde, wenn die Moskitos ausstürben. Doch die Geschichte der Materie lehrt uns, daß der Verlust dieser scheinbar bedeutungslosen Teilchen das Universum bis zur Unkenntlichkeit entstellen würde.

Mit Hilfe von Teilchenbeschleunigern hat man drei Arten von Neutrinos entdeckt. Ihre feinen Unterschiede zu ergründen, ist eine schwierige und zeitraubende Aufgabe, die Hunderte von Physikern beschäftigt und noch lange nicht abgeschlossen ist. Aber immerhin haben Kosmologen inzwischen herausgefunden, daß Neutrinos zur urzeitlichen Teilchensuppe gehört haben, aus der das Universum während des Urknalls bestand. Einen Hinweis auf den Zustand der Materie in jener Zeit liefert die Heliummenge, die heute zu beobachten ist. Helium macht etwa ein Viertel der uns umgebenden Materie aus und ist nach Wasserstoff das häufigste Element. Aus der Geschichte der Materie entnehmen wir, daß die heutige Heliumhäufigkeit im Universum entscheidend von der Anzahl der schon länger existierenden Neutrinoarten abhängt: Für den Physiker bedeutet der Anteil des Heliums an der Gesamtmenge aller chemischen Elemente – fünfundzwanzig Prozent –, daß es entweder drei oder vier Neutrinoarten gibt. Gäbe es mehr, so wäre der Urbrei den Berechnungen zufolge vielfältiger und heißer gewesen, hätte sich im kosmischen Dampfkochtopf mehr Helium gebildet und würde man heute Anzeichen für eine größere Heliumhäufigkeit entdecken. Umgekehrt hätten weniger Neutrinoarten geringere Heliummengen hervorgebracht als die fünfundzwanzig Prozent, die heute zu beobachten sind.

Deshalb können die Kosmologen den Teilchenphysikern sagen: Vielleicht werdet ihr eine vierte Neutrinoart finden, vielleicht auch nicht. Aber sucht nicht nach einer fünften, denn die gibt es auf keinen Fall. Unsere Kenntnis von der Geschichte der Materie hat die Klassifizierung der Elementarteilchen weitgehenden Einschränkungen unterworfen.

Während die kosmologische Erforschung der Vergangenheit des Universums Fragen erhellt, die sich Teilchenphysiker stellen, helfen diese wiederum den Kosmologen dabei, die Zukunft des Universums vorherzusagen. Bis in jüngste Zeit beruhte unser Verständnis der Materie wesentlich auf der Annahme, daß Protonen – die zusammen mit Neutronen die Kerne aller Atome im Universum bilden – niemals zerfallen. Doch moderne Theorien über die Wechselwirkung von Quarks haben Zweifel an der Unzerstörbarkeit der Protonen aufgeworfen. Die Frage ist nicht gerade unbedeutend, denn wenn Protonen tatsächlich zerfallen, werden alle Erscheinungsformen der Materie – Berge und Meere, die Erde und die anderen Planeten, Sterne und Galaxien – sich am Ende zu einer formlosen Masse aus Neutrinos und Elektronen auflösen. (Ganz zu schweigen von der wenig erfreulichen Aussicht, daß die Gravitation die fernen Galaxien, bevor es zu diesem Zerfall kommt, in ihrer Expansionsbewegung innehalten läßt, sie wieder zusammenführt und das Universum schließlich in einer katastrophalen Umkehrung des Urknalls in sich zusammenstürzen läßt.)

Nach den vorliegenden Anhaltspunkten würden Protonen für ihren Zerfall, wenn es ihn denn gibt, einen Zeitraum brauchen, der länger als das gegenwärtige Alter des Universums wäre. Wie lang die Lebensdauer auch sein mag, die sich am Ende herausstellt, sie ist von entscheidender Bedeutung für das Schicksal der Materie. Kein Wunder also, daß die vermutete Unbeständigkeit des Protons heute im Fokus von Experimenten in aller Welt steht.

In der Morgenröte der Wissenschaft, als Philosophen über das Wesen der materiellen Wirklichkeit zu spekulieren begannen, gab es noch keinen Unterschied zwischen Physik und Kosmologie. Spätere Physikergenerationen, die sich zunehmend mit Laborexperimenten von beschränkten Ausmaßen und kurzer Dauer beschäftigten, verbannten die Kosmologie im Hause der Wissenschaft in ein Hinterzimmer, wo sie zu einem nebensächlichen, belanglosen Zeitvertreib für Astronomen wurde. Doch das Exil war nicht von langer Dauer. Wie man sich mit Geburt und Tod beschäftigen muß, um das Wesen des Menschen zu verstehen, so hat die Untersuchung der Materie Fragen nach *deren* Ursprung und Schicksal aufgeworfen. Durch diese Öffnung für die historische Dimension hat die Physik begonnen, eine jahrhundertelang klaffende Lücke zu schließen. Genauso wichtig ist, daß dies in einer Weise geschieht, die sowohl der platonischen als auch der isokratischen Lehre gerecht wird.

CAESARS LETZTER ATEMZUG

Beim Morgenkaffee betrachte ich stets die Wetterkarte in der *Washington Post.* Und wenn noch genügend Zeit bleibt, werfe ich auch einen Blick auf die gezackte Kurve, die über die Entwicklung des Aktienindex Aufschluß gibt, sowie auf einige andere Diagramme – sagen wir, den Stand des Yen im Vergleich zum Dollar oder den Anstieg des Verteidigungshaushalts seit dem Zweiten Weltkrieg. So betrachte ich im Laufe eines Jahres vermutlich mehrere tausend Abbildungen dieser Art in Zeitungen und Zeitschriften, die Hunderte von Diagrammen in physikalischen Fachzeitschriften nicht mitgerechnet. Und doch bin ich bis vor kurzem nie auf die Idee gekommen, mir über die Beschaffenheit dieser Darstellungen Gedanken zu machen – über ihre Form und nicht ihren Inhalt.

Diese Gleichgültigkeit für die formalen Aspekte ist mir vergangen, seitdem ich das Buch *The Visual Display of Quantitative Information* von Edward R. Tufte gelesen habe. Er möchte seine Leser dazu bringen, «statistische Diagramme nie wieder auf die gleiche Weise zu sehen oder zu erstellen». Mal deskriptiv, mal präskriptiv und sehr entschieden führt uns das Buch einige der schönsten Beispiele für anschaulich präsentierte Daten vor Augen und, zur Abschreckung, einige der schlimmsten. Unter Berücksichtigung ästhetischer, wissenschaftlicher und rein praktischer Gesichtspunkte entwickelt Tufte eine Art Regelwerk für die Anfertigung statistischer Diagramme. Schließlich faßt er die Erkenntnisse aus ungefähr zweihundert Beispielen in Maximen zusammen wie: «Präsentiere vor allem die Daten» und «Rege das Auge dazu an, verschiedene Daten zu vergleichen». Immer wieder weist er darauf hin, daß das Diagramm um so besser wird, je mehr Tinte man darauf verwendet, tatsächlich erhobene Daten wiederzugeben, und je weniger man für sekundäre und dekorative Zwecke verschwendet.

Nach Tufte sind Datendiagramme die visuelle Präsentation von gemessenen Größen mit Hilfe von Punkten, Linien, Zahlen, Symbolen, Worten, Schattierungen, Farben und Koordinatensystemen. So gesehen sind Landkarten Datendiagramme und auch die Tabellen, die zum Beispiel in Zeitungen über die Aktienkurse informieren. Am häufigsten ist jedoch eine Reihe von Punkten (vielleicht auch von Balken), manchmal durch eine Kurve verbunden, die die Abhängigkeit einer Variablen von einer anderen wiedergeben.

Besonders eindrucksvoll gelingt es Tufte zu zeigen, wie sich häßliche, verwirrende und irreführende Diagramme in wirkungsvolle Beispiele der Datenpräsentation verwandeln lassen. Er stellt einige Bezeichnungen der Diagramme um, so daß sie leichter zu lesen sind, löscht einige überflüssige Achsenmarkierungen, fügt einige geschickte Beschriftungen oder geschmackvolle Schattierungen hinzu, wählt geeignete Formate und Größen und verwandelt auf diese Weise häßliche Entlein in strahlende Schwäne. Dabei lehrt er den Leser, den visuellen Abfall und die graphischen Verzerrungen zu durchschauen, die uns die Medien Tag für Tag zumuten. Nachdrücklich weist er darauf hin, daß alle Informationen eines Diagramms wichtig sein müssen – es sollte in ihnen um Fragen wie das Leben, den Tod und das Universum gehen. Schöne Diagramme geben sich nicht mit Trivialem ab. Aus all dem ergibt sich eine Theorie der Datengraphik, die auch deren Ziel definiert: «das Verborgene und Schwierige visuell erschließen – das heißt, das Komplexe» offenbaren.

Wir brauchen nur ein Wort in dieser Erklärung zu verändern, und schon haben wir eine Zielvorgabe für Autoren wie mich, die versuchen, Wissenschaft einer breiten Öffentlichkeit zu vermitteln: das Verborgene und Schwierige *verbal* erschließen – das heißt, das Komplexe offenbaren. Die Bilder, die wir präsentieren, bestehen nicht aus Linien und Farben, sondern aus Substantiven und Verben. Gibt es für dieses Bemühen Regeln wie die, die Tufte für seinen Bereich aufgestellt hat? Gibt es Qualitätsmaßstäbe für unser Handwerk, und wenn, wie sehen sie aus?

Der Maßstab für graphische Präsentation wurde vor mehr als einem Jahrhundert durch die, wie Tufte meint, «wohl beste statistische Graphik aller Zeiten» vorgegeben: eine Karte von Napoleons Rußlandfeldzug in den Jahren 1812 und 1813, die der französische Ingenieur Charles Joseph Minard 1861 gezeichnet hat. Die Karte ist sehr bekannt, unter anderem findet man sie in einigen Ausgaben von Tolstois *Krieg und Frieden*. Das Besondere an Minards Darstellung liegt darin, daß die Linien, die den Vormarsch nach Moskau und den Rückzug wiedergeben, die von Monat zu Monat schwindende Stärke des französischen Heers erkennen lassen. Die an der russischen Westgrenze beginnende rote Linie ist über zwei Zentimeter dick und entspricht einer Truppenstärke von 422 000 Mann. Während sie sich ostwärts windet, wird sie dünner und erreicht Moskau mit nur noch einem Viertel ihrer einstigen Breite – womit sie anzeigt, daß hier die französische Armee schon drei Viertel ihrer Soldaten verloren hat. Doch von dem schrecklichsten Kapitel dieser Geschichte kündet die folgende Verjüngung der schwarzen Linie, die Richtung Westen führt: Am Ende eines grauenhaften Rückzugs durch das winterliche Rußland wankten gerade noch zehntausend französische Soldaten über die polnische Grenze.

Durch die Kontrastierung des breiten roten Streifens der Invasion mit dem dünnen schwarzen Faden des Rückzugs vermittelt Minard einen unmittelbaren emotionalen Eindruck. Das Diagramm zwingt den Betrachter, sich den Vorgang vorzustellen, den Tolstoi das Hinschmelzen der französischen Armee nannte und der sich im gleichförmigen Tempo einer mathematischen Progression vollzog, hin und wieder unterbrochen durch Katastrophen wie die Überquerung der Beresina, bei der laut Abbildung zweiundzwanzigtausend Soldaten starben.

Während Minard komplexe statistische Informationen mit Hilfe einfacher visueller Darstellungsmittel umsetzt, ist der Wissenschaftsautor bemüht, erhobene Daten, funktionale Beziehungen zwischen Datenmengen und Theorien – alles Sachverhalte, die ursprünglich in der Sprache der Mathematik vorliegen – in einfachen Worten wiederzugeben. Die Schwierigkeit beginnt schon auf der einfachsten Ebene, mit der Beschreibung von Zahlen. Nur ein schmaler Bereich von Zahlen läßt sich intuitiv erfassen – diejenigen, die zwischen, sagen wir, zehntausend (die man in drei Stunden abzählen kann) und einem Tausendstel (der Dicke eines menschlichen Haars, in Zoll gemessen) liegen. Da die meisten Physiker mit Zahlen außerhalb dieses Segments zu tun haben, müssen wir Autoren sie in verständliche Sprachbilder übersetzen.

So bevölkern beispielsweise außerordentlich winzige und außerordentlich viele Objekte das Reich der Atome und Moleküle, so daß es hier von kleinen wie auch von großen Zahlen nur so wimmelt. Einen Eindruck von der Größenordnung, mit der wir es zu tun haben, vermittelt die berühmte Avogadro-Konstante (benannt nach Graf Amadeo Avogadro aus Turin, der diese Zahl 1811 einführte). Grob gesagt, gibt die Avogadro-Konstante die Menge der Wassermoleküle an, die sich auf einem Teelöffel voll Wasser befinden, eine unvorstellbar große Zahl nach menschlichen Begriffen – ungefähr $6{,}02 \times 10^{23}$.

Wie kann es Autoren gelingen, dem Leser ein Gefühl für eine solche Zahl zu geben? In einem Buch, das ich gelesen habe, wird sie ausgeschrieben: 602 gefolgt von einundzwanzig Nullen, und dann als sechshundertundzweitausend Millionen Millionen Millionen geschrieben. Zwar handelt es sich dabei um eine Übersetzung in Worte, aber um eine, die nicht erhellender ist als Carl Sagans Ausdruck «Milliarden und Abermilliarden von Sternen». In einem anderen Buch nimmt der Autor – aus Hilflosigkeit, wie ich vermute – Zuflucht zu einer optischen Veranschaulichung. Nachdem er den Wert der Avogadro-Konstante angegeben hat, verweist er den Leser auf eine Abbildung: eine große Tafel, auf der in kunstvoller Schrift «Avogadro-Konstante $6{,}02 \times 10^{23}$» steht. Vor Tufte fände dieses Diagramm wenig Gnade.

Ein weit gelungenerer Versuch, die ungeheure Größe der Avogadro-Konstante zu veranschaulichen, bedient sich eines Theorems, das «Caesars letzter Atemzug» genannt wird. Danach atmen Sie mit jedem Atemzug ein Molekül der Luft ein, die Caesar ausatmete, als er starb. Hinter dieser Behauptung lauern natürlich eine Einschränkung und mehrere Voraussetzungen. Zunächst die Einschränkung: Da das Theorem von einem Durchschnittswert ausgeht, kann es nur annähernd stimmen. Wenn Sie nach drei, vier Atemzügen noch keinem von Caesars Luftmolekülen begegnet sind, seien Sie nicht enttäuscht; dafür atmen Sie später vielleicht mehrere auf einmal ein. Eine der Voraussetzungen, von denen das Theorem ausgeht, besagt, daß in den letzten zweitausend Jahren keine Luftmoleküle zur Atmosphäre hinzugekommen sind und daß ihr keine durch Anlagerung an andere Moleküle entzogen worden sind – was nicht stimmt. Außerdem wird vorausgesetzt, daß Caesars letzter Atemzug sich gleichmäßig in der ganzen Erdatmosphäre verteilen konnte – was auch nicht ganz realistisch ist. Doch *wenn* diese Annahmen zuträfen, wäre das Theorem richtig und würde ebenso für Shakespeares, Attilas oder Jesu letzten Atemzug gelten.

Entscheidend an der Parabel ist der Aspekt, daß die Erdatmosphäre zwar gewaltige Ausmaße hat, daß aber die Anzahl der Moleküle in einem menschlichen Atemzug nicht minder gewaltig ist. Wenn Sie das Volumen der Atmosphäre mit einer Flasche mäßen, in die soviel Luft paßt wie in Ihre Lungen, kämen Sie auf ebenso viele gefüllte Flaschen wie Moleküle in einem Atemzug. Und beide Größen entsprechen ungefähr einem Zehntel der Avogadro-Konstante. Das ist wahrscheinlich die beste sprachliche Beschreibung einer großen Zahl, die mir je begegnet ist.

Die Avogadro-Konstante ist unvorstellbar groß, doch auch sehr viel kleinere Zahlen übersteigen unser Fassungsvermögen. Nehmen wir zum Beispiel die rund eine Billion Diagramme, die jährlich gedruckt werden (eine Schätzung, die aus der Einleitung zu Tuftes Buch stammt). Es gibt keine Möglichkeit, eine Billion graphisch darzustellen, deshalb kleidet man sie in der Regel in Worte (tausend Milliarden) oder gibt sie in mathematischer Schreibweise (10^{12}) wieder. Das häufigste sprachliche Bild für eine solche Zahl, das sich bei Zeitungsreportern besonderer Beliebtheit erfreut, ist die Entfernung. Würde man beispielsweise eine Billion Kopien der Minardschen Karte aneinanderreihen, reichten sie bis zur Sonne. Na und? Ich kann mir weder die Entfernung vorstellen noch den Papierschweif, den die Diagramme bilden.

Anschaulicher ist die folgende Beschreibung: Stellen Sie sich ein Buch mit tausend Seiten vor, etwa so dick wie *Krieg und Frieden*, und auf jeder Seite steht ein Diagramm. Denken Sie sich nun einen vollbesetzten Zug, in dem jeder Passagier ein Exemplar dieses Buches durchblättert. Der Zug ist lang – so lang, daß Sie, stünden sie an einer Schranke, sechs Stunden warten müßten, bevor alle Wagen, bei Höchstgeschwindigkeit, an Ihnen vorbeigefahren wären. Wenn dieser Zug nun ein Jahr lang einmal pro Tag führe und auf jeder Fahrt jeder Passagier ein solches Buch von vorn bis hinten durchblätterte, dann erst wären eine Billion Diagramme visuell registriert worden. (Dieses Bild verdanke ich dem Physiker Philip Morrison und seinen Kollegen von der Boston Study Group, die einmal einen Zug von solcher Länge mit TNT gefüllt beschworen, um die gewaltige Größe einer Megatonne zu illustrieren.)

Caesars Atemzug und Morrisons Eisenbahn gelingt die sprachliche Beschreibung großer Zahlen, weil sich beide auf alltägliche menschliche Erfahrungen beziehen. Millionen Millionen Millionen ist eine Größe, die der menschlichen Sinneswahrnehmung nicht zugänglich ist; gleiches gilt für die Entfernung von der Erde zur Sonne. Aber atmen, lesen, in überfüllten Zügen fahren – das sind vertraute Tätigkeiten und deshalb leichter zu fassen.

Noch schwerer als Zahlen sind komplexe Beziehungen zwischen Variablen zu vermitteln. Die Kurve einer linearen Funktion, der einfachsten Beziehung, ist eine Gerade, doch sprachlich wird sie häufig als Verhältnis beschrieben: Verdoppelt sich x jedesmal, wenn y sich verdoppelt, liegt eine lineare Beziehung zwischen x und y vor – wie die Anzahl der Eier, die Sie kaufen, mit dem Gesamtpreis, den Sie dafür bezahlen, verknüpft ist. Lineare Beziehungen, auch als arithmetische Progressionen bezeichnet, stellen weder den Zeichner von Diagrammen noch den Autor vor Probleme.

Schwieriger sind da schon geometrische Progressionen, wie man sie bei Verzinsung, Bevölkerungswachstum und atomaren Kettenreaktionen antrifft. Es gibt viele Versuche, die Geschwindigkeit geometrischen Wachstums anschaulich zu machen, wozu man von Dollars bis Kaninchen alles bemüht hat, doch noch immer ist der älteste dieser Versuche einer der besten. Es handelt sich um eine alte Legende, die man «Das königliche Schachbrett» nennen könnte. In seinem Buch *The World of Mathematics* erzählt James R. Newman sie wie folgt:

«Weil der Großwesir Sissa Ben Dahir für den indischen König Sirhâm das Schachspiel erfunden hatte, gewährte ihm dieser einen Wunsch. Da das Spiel auf einem Brett mit 64 Quadraten gespielt wird, wandte sich Sissa mit folgenden Worten an den König: ‹Majestät, gebt mir ein Weizenkorn, damit ich es auf das erste Quadrat legen kann, zwei Weizenkörner für das zweite Quadrat, vier für das dritte, acht für das vierte und so fort, und laßt mich, o König, auf diese Weise alle 64 Quadrate des Brettes bedecken.› – ‹Und das ist alles, Sissa, du Narr, was du dir wünschst?› rief der erstaunte König.»

Offenbar hatte der König keine Vorstellung von geometrischen Progressionen. So kam er dem Wunsch seines Großwesirs nach und ließ Weizen aus seinen Speichern bringen. Beim vierzigsten Quadrat mußten eine Million Millionen Körner herbeigeschafft werden, und lange bevor man das letzte Quadrat erreicht hatte, war der gesamte Weizenvorrat des Reiches erschöpft. Sissa hatte in Wirklichkeit nicht weniger als 2^{64} Körner minus ein Korn gefordert, nämlich 18446744073709551615 – genug, um die ganze Erdoberfläche zweieinhalb Zentimeter hoch zu bedecken. Auf die Kernkettenreaktion übertragen, bei der jede Spaltung eines Atomkerns im Schnitt die Spaltung zweier anderer auslöst, kann diese Erzählung leicht erklären, wie eine einzige Zerlegung eines Kerns unter Umständen einen Prozeß einleitet, der rasch in eine gewaltige Explosion mündet.

Auf der höchsten Ebene mathematischer Abstraktion, noch jenseits von Zahlen und Verhältnissen, stehen die Theorien. Als Mittel, sie in Worte zu kleiden, dient die Analogie, die das Wesen populärwissenschaftlicher Darstellungen ausmacht. Physiker sind mit Analogien vertraut, weil in gewissem Sinne ihr ganzes Bemühen – die Modellierung der Natur mit Hilfe mathematischer Konstrukte – analogen Charakter hat. Deshalb gibt es nicht nur in populärwissenschaftlichen Darstellungen eine Fülle von Analogien, sondern auch in der wissenschaftlichen Literatur. Und auch unter den Theorien gibt es klassische Sprachbilder.

Nur wenige Theorien stoßen auf soviel öffentliches Interesse wie Einsteins allgemeine Relativitätstheorie. Kein Wunder also, daß die beste Analogie in der ganzen Physik diese Theorie betrifft und daß sie vom Meister selbst erfunden wurde. Unter der Bezeichnung Einstein-Fahrstuhl bekannt, bringt sie in sprachlicher Form die Crux der allgemeinen Relativitätstheorie zum Ausdruck, die in ihrer mathematischen Gestalt den meisten Laien völlig unzugänglich ist.

Ein Eckpfeiler der Relativitätstheorie ist das Äquivalenzprinzip, die Behauptung, daß Gravitationsfelder beschleunigten Bezugssystemen äquivalent sind. Diese an sich kaum verständliche Äußerung wurde von Einstein folgendermaßen verdeutlicht: Man stelle sich auf der Erdoberfläche einen großen geschlossenen Kasten vor, in dem ein Mensch einfache Experimente ausführt – einen Apfel fallen läßt und die Schwingung eines Pendels mißt. Nun denke man sich einen identischen Kasten, tief im All, der Schwerkraft der Erde, der Sonne oder irgendeines anderen Sterns entzogen, in dem ein zweiter Mensch die gleichen Experimente ausführt wie der erste auf der Erde. Daraufhin befestigt man ein Seil an der Oberseite des Kastens im All, und eine unsichtbare Kraft zieht ihn mit einer Beschleunigung, die der Gravitationsbeschleunigung auf der Erde numerisch gleich ist, nach oben. Die Schachtel im All ähnelt also einem Fahrstuhl in Aufwärtsbewegung.

Das Äquivalenzprinzip sorgt dafür, daß die beiden Umgebungen ununterscheidbar sind – daß weder der erste noch der zweite Mensch ohne einen Blick nach draußen entscheiden kann, ob sein Kasten auf der Erde steht oder im All beschleunigt wird. Läßt der Mensch auf der Erde einen Apfel fallen, schlägt dieser nach einer kurzen Zeitspanne auf dem Boden auf. Läßt der zweite einen Apfel los, so schwebt er im Raum, doch da der Kastenboden emporsteigt, schlägt dieser nach der gleichen Zeit gegen den Apfel, so daß auch der zweite Mensch denken muß, der Apfel sei auf den Boden gefallen. Die Auswirkungen der Schwerkraft werden durch die Beschleunigung des Kastens simuliert, der das Bezugssystem dieses Menschen bildet.

Einleuchtend erklärt Einsteins Fahrstuhl den seltsamen Kerngedanken der allgemeinen Relativitätstheorie, doch leistet er noch mehr: Er kann auch neue Phänomene vorhersagen. Nehmen wir an, der Mensch auf der Erde bringt einen Meter über dem Boden an einer Wand eine Taschenlampe an und richtet sie so aus, daß ihr Strahl horizontal quer durch den Kasten verläuft. Wo wird er auf die gegenüberliegende Wand treffen? Einen Meter über dem Fußboden? Bevor Sie antworten, denken Sie an den Menschen im All, der das gleiche Experiment durchführt. Während der Lichtstrahl durch seinen Kasten schießt, hebt sich der Fußboden – nicht viel, weil das Licht nicht lange braucht, um die kurze Entfernung von Wand zu Wand zurückzulegen, aber grundsätzlich hebt sich der Boden um den Bruchteil eines Millimeters. Deshalb trifft der Strahl die gegenüberliegende Wand *weniger* als einen Meter über dem Fußboden. Zurück zu dem Menschen auf der Erde. Wenn das Äquivalenzprinzip richtig ist, müßten seine Experimentalergebnisse denen des zweiten im All gleichen. Auch er müßte feststellen, daß der Strahl die gegenüberliegende Wand nicht ganz einen Meter über dem Fußboden berührt, was nur einen Schluß zuläßt: Der Strahl wird von der Schwerkraft nach unten gezogen. Mit anderen Worten, das Äquivalenzprinzip sagt vorher, daß das Licht durch die Schwerkraft abgelenkt wird.

Tatsächlich läßt sich diese bemerkenswerte Vorhersage nicht in einem Kasten oder einem Zimmer überprüfen, weil die Differenz, um die das Licht fiele, für eine Messung zu klein wäre. Doch in astronomischen Größenverhältnissen läßt sich die Theorie experimentell überprüfen, und man hat, wie geschildert, 1919 nachgewiesen, daß das Gravitationsfeld der Sonne tatsächlich das Sternenlicht ablenkt, womit die Vorhersage bestätigt und für Einsteins unsterblichen Ruhm gesorgt war. Natürlich sind die mathematischen Details wesentlich komplizierter, als man aufgrund des Fahrstuhlexperiments meinen könnte, aber die Geschichte ist ja schließlich auch nur eine Analogie und keine Theorie.

Geschichten wie «Caesars letzter Atemzug», «Das königliche Schachbrett» und «Einsteins Fahrstuhl» zeigen ein Muster, das erkennen läßt, welchen Regeln solche Analogien folgen sollten. Zunächst müssen wir das Problem formulieren. Wichtig, von allgemeinem Interesse und wirklich unverständlich muß es sein, denn gute Analogien sollten nicht an belanglose und offenkundige Dinge verschwendet werden. Dann suchen wir uns einen vertrauten Gegenstand oder eine Alltagserfahrung, die sofort wiederzuerkennen ist. Ein Geheimnis durch ein anderes zu beschreiben, ist Zeitverschwendung. Wenn wir im dritten Schritt einen Leser dazu bringen können, die Beziehung zwischen dem unverständlichen Konzept und seinem einfachen Analogon zu sehen, dann ist unser Vorhaben gelungen. Doch gute Analogien gehen noch einen Schritt weiter. Durch logische Erweiterung führen sie über die Dinge hinaus, die sie eigentlich erklären sollten, zu einer Vorhersage oder einer unerwarteten Entdeckung, zu etwas so Überraschendem, daß sich die Geschichte im Gedächtnis des Lesers festsetzt. Wenn das geschieht, ist ein wirklicher Lernschritt gelungen.

Eine systematische Analyse der Kunst, Analogien zu entwickeln, könnte zu einer Formel für die sprachliche Beschreibung quantitativer Konzepte führen. Doch sie hätte wie Tuftes Handbuch für die Anfertigung von Diagrammen bestenfalls empfehlenden Charakter. Sie könnte helfen, vieles von dem zu vermeiden, was sich bei populärwissenschaftlichen Darstellungen häufig als unnütz oder verwirrend erweist, und könnte Wissenschaftsautoren als Leitfaden dienen, aber sie wäre noch keine Garantie für einprägsame Analogien. Die gibt es selten. Minards Karte und Einsteins Fahrstuhl sind ungewöhnlich phantasievolle und inspirierte Exemplare ihrer Gattung und dürfen durchaus als kleine Kunstwerke gelten. Eine feste Regel für ihre Herstellung kann es nicht geben. Die Virtuosen des menschlichen Ausdrucks verkörpern die Regeln eher, als daß sie sich nach ihnen richten. Dazu hat der Maler Barnett Newman einmal gesagt: «Die Ästhetik ist für den Künstler das gleiche wie die Ornithologie für die Vögel.»

DAS UMKEHRPROBLEM

Wenn ein Mensch weiß, daß er in vierzehn Tagen gehängt werden soll, meinte Samuel Johnson, dann verleiht das seinem Denken eine wunderbare Konzentration. Eine unmittelbar bevorstehende Gehirnoperation hat den gleichen Effekt. Vor vielen Jahren lag ich eines Tages auf einer harten Pritsche in einem winzigen Zimmer des Massachusetts General Hospital in Boston, den Kopf in einem CT-Scanner, war in Sorge, daß der Tumor in meinem Kopf bösartig sein könnte, und hatte Angst vor der für den folgenden Tag angesetzten Operation. Aber ich war nicht unter Narkose und hatte keine Schmerzen, und so konnte ich mich ganz auf das Geschehen um mich herum konzentrieren.

Über den zwei Meter langen Stahlwürfel, in dem mein Kopf lag, hatte ich schon gelesen. Das Klirren, das ich vernahm, und das Zittern, das ich spürte, stammten von den Bewegungen des Röntgenapparates, der langsam meinen Schädel umkreiste und unablässig die Richtung justierte, aus der er Strahlen in mein Gehirn schickte. Mit den vielen Meßwerten, die sich so ergaben, wurde ein Computer gefüttert (daher die Abkürzung CT, für Computertomographie). Ein Radiologe hätte mit diesen vielen Datenmengen wenig anfangen können, aber der Computer führte rasch die Berechnungen aus, die erforderlich waren, um die Einzelwerte zu einer zusammenhängenden dreidimensionalen Darstellung meines Gehirns zusammenzufügen, so daß der Chirurg in meinen Schädel hineinblicken konnte, bevor er den Tumor entfernte (der sich als gutartig erwies).

Als die Maschine sich geräuschvoll ans Werk machte, ging mir durch den Kopf, daß die Arbeitsweise des Computertomographen der Art entspricht, wie wir wissenschaftliche Probleme lösen, und vielleicht sogar, wie wir wahrnehmen und denken. Die Maschine ist nur eine Lösung für das, was Physiker ein Umkehrproblem nennen, ein Problem, das höchst unterschiedlichen Tätigkeiten gemeinsam ist – etwa der Suche nach tief im Boden verborgenen Lagerstätten, der Vermessung des Erdkerns, der Analyse der atomaren Bestandteile von Kristallen und der Zerlegung der Atome selbst. Grundsätzlich stellt es sich bei jedem Versuch, ein Objekt, das nicht sichtbar ist, zu kartieren und zu vermessen. Unabhängig von den beteiligten Stoffen ist die Lösung immer die gleiche: Ein Strom von subatomaren Teilchen (oder, *mutatis mutandis*, von Strahlung) wird auf das unbekannte Ziel abgeschossen. Entweder werden die Geschosse absorbiert oder zurückgeworfen – in jedem Fall läßt sich durch sorgfältige Korrelation der Ergebnisse vieler solcher Begegnungen das Muster erkennen und daraus wiederum auf die Form des Ziels schließen. Dieser rückwärts gerichteten Rekonstruktion des Teilchenwegs verdankt die Umkehrmethode ihren Namen. Um den Weg Hunderter von Geschossen nachzuzeichnen, bedarf es natürlich umfänglicher Berechnungen, die nur schnelle Digitalrechner ausführen können. Die erste Zeitschrift dieser Disziplin, *Inverse Problems* (vom Institute of Physics in London herausgegeben), wurde erst Ende der achtziger Jahre begründet.

Dennoch erscheint es merkwürdig, die Lösung von Umkehrproblemen als neuen Ansatz in der Physik zu betrachten. Schließlich steht die Aufgabe, Aussagen über die Wirklichkeit aus beobachtbaren Daten abzuleiten, im Mittelpunkt der empirischen Wissenschaften. Wenn die Umkehrmethode tatsächlich so neu ist, was haben dann die Physiker all die Jahrhunderte hindurch getan? Die Antwort: Sie haben schlicht und einfach geraten. Obwohl sie mit Beobachtungen begonnen und sich bemüht haben, Unbekanntes zu entdecken, sind sie dabei nicht systematisch vorgegangen, sondern haben Schlußfolgerungen gezogen, noch bevor sie eine einzige Gleichung gelöst hatten.

Betrachten wir Ernest Rutherfords Beitrag zur Entdeckung der Atomstruktur. 1911 beaufsichtigte der britische Physiker ein Experiment, in dem Alpha-Teilchen, eine bestimmte Strahlungsform, auf eine sehr dünne Goldfolie geschossen wurden. Rutherford erwartete, daß der Strahl nur leicht abgelenkt auf der anderen Seite der Folie auftauchen würde, weil er wie die meisten Physiker seiner Zeit von der Annahme ausging, die Masse eines Atoms sei, wie in einer Murmel, gleichmäßig in ihm verteilt. Doch die meisten Teilchen wurden überhaupt nicht abgelenkt, während einige wenige ihre Richtung sehr stark veränderten.

Nur von vagen Annahmen geleitet, vermutete Rutherford daraufhin, das Atom müsse aus einem sehr dichten, im Zentrum gelegenen Kern bestehen, der von einer dünnen Elektronenwolke umgeben sei. Die meisten Alpha-Teilchen waren nach dieser Annahme durch die Elektronenwolke geschossen, während diejenigen, die den Kern des Atoms getroffen hatten, abgelenkt worden waren. Daraufhin entwickelte Rutherford die Gleichungen, die vorhersagten, wie Alpha-Teilchen von seinem Atommodell abprallen müßten, und als er feststellte, daß seine Berechnungen exakt mit der beobachteten Streuung übereinstimmten, gelangte er zu dem Schluß, daß er den Atomkern entdeckt hatte.

Dieser direkte Ansatz (eine Vermutung zu äußern und zu überprüfen, inwieweit sie zutrifft) ist im Gegensatz zur Umkehrmethode das traditionelle Verfahren für die Beantwortung wissenschaftlicher Fragen. Auf ihre Intuition, Phantasie und Inspiration vertrauend, stellen Wissenschaftler Vermutungen über verborgene Formen an und führen dann Berechnungen durch, um vorherzusagen, wie die Projektile streuen müßten, wenn die Vermutung richtig wäre. Wenn die Vorhersagen mit den Beobachtungen übereinstimmen, betrachtet man die Vermutung als richtig. Wenn nicht, stellt man eine neue Vermutung an und noch eine, bis die Beobachtung den Berechnungen entspricht.

Wie der verstorbene Richard Feynman in seinem Buch *Vom Wesen physikalischer Gesetze* erklärt hat, ist die Versuch-und-Irrtum-

Methode von grundlegender Bedeutung für das wissenschaftliche Denken: «Nun noch ein Wort zur Entdeckung neuer Gesetze. Im allgemeinen gehen wir dabei folgendermaßen vor. Erst stellen wir eine Vermutung auf. Dann berechnen wir die Konsequenzen, um zu sehen, welche Folgen ein solches Gesetz überhaupt hätte. Danach vergleichen wir das Ergebnis mit der Natur, mit dem Experiment oder der Erfahrung, das heißt, wir vergleichen es direkt mit der Beobachtung, um zu sehen, ob wir damit hinkommen. Stimmt es mit dem Experiment nicht überein, war die Annahme falsch. So einfach ist das; damit haben wir schon den Schlüssel zur Naturwissenschaft.»

Augenfällig zeigt sich der Gegensatz zwischen der direkten und der Umkehrmethode in der Entdeckung der Desoxyribonukleinsäure (DNA). Den entscheidenden Hinweis lieferten die symmetrischen, aber scheinbar sinnlosen Muster aus Flecken und Streifen, die auf Röntgenaufnahmen kristallisierter DNA erschienen. James D. Watson hat in seinem Buch *Die Doppel-Helix*, dem persönlichen Bericht über die Lösung des Problems durch ihn und Francis Crick, Linus Pauling gerühmt, weil es diesem gelungen war zu demonstrieren, daß eine gute Vermutung der mühseligen Analyse jener Fotografien vorzuziehen war. 1951 hatte Pauling gezeigt, daß viele Proteine spiralig geformte Teile enthalten. Dazu Watson: «Die Alphaspirale war nicht etwa durch ewiges Anstarren der Röntgenaufnahme gefunden worden... Statt Bleistift und Papier war das wichtigste Werkzeug bei dieser Arbeit ein Satz von Molekülmodellen, die auf den ersten Blick dem Spielzeug der Vorschulkinder glichen.» Wie Pauling hatten sich Watson und Crick zunächst ein behelfsmäßiges Modell zusammengebastelt, um erst dann ihre Vorhersagen mit den Fotografien zu vergleichen.

Die Doppel-Helix erzählt auch die traurige Geschichte der Chemikerin und Kristallographin Rosalind Franklin: Sie stellte die gestochen scharfen DNA-Fotografien her, die entscheidend für die Entdeckung der Struktur waren, aber es gelang ihr nicht, die eigenen Aufnahmen richtig zu deuten, weil sie die Verwendung von Modellen verschmähte, die auf bloßen Vermutungen basieren. Deshalb versuchte sie, die Struktur des DNA-Moleküls direkt aus den Fotografien abzuleiten – und scheiterte an ihrer mangelnden Bereitschaft, das Umkehrproblem umzudrehen.

Natürlich erwiesen sich die Vermutungen von Watson und Crick, wie die von Rutherford und Pauling, als richtig, und das war entscheidend. Aber wie gelangten sie zu ihren Vermutungen? Die besten Theoretiker scheinen das mühsame Geschäft der Überschlagsrechnung rascher hinter sich bringen zu können als andere. So beschleunigen sie den Prozeß von Versuch und Irrtum und haben infolgedessen bessere Aussichten, auf die richtige Lösung zu stoßen.

Doch das kann noch nicht alles sein, denn dann gäbe es keinen Unterschied zwischen dem Fachidioten und dem schöpferischen Genie. Blindes Raten, meint Feynman, «ist etwas für Dumme», und er erläutert im Fortgang, wie er auf seine inspirierten Vermutungen verfallen ist und wie sich falsche Annahmen eliminieren lassen. Trotzdem bleibt das Wesen wissenschaftlicher Kreativität schwer faßbar.

Vielleicht hat die Umkehrmethode etwas damit zu tun. In Evelyn Fox Kellers Buch *A Feeling for the Organism*, einer Biographie der Genetikerin Barbara McClintock, die 1983 den Nobelpreis erhielt, berichtet diese, man habe ihr von Maispflanzen in der Nähe ihres Laboratoriums erzählt, deren Merkmale den Vererbungsgesetzen zu widersprechen schienen. Nachdem sie sich eine Zeitlang über das Rätsel den Kopf zerbrochen habe, sei ihr plötzlich die Lösung eingefallen. Das habe sie in solche Aufregung versetzt, daß sie aufs Feld gelaufen sei und wahrhaftig «Heureka!» gerufen habe. «Aber woher wußte ich es?» fragt sie. «Ich hatte mir doch überhaupt nichts aufgeschrieben.»

Die Erklärung, so McClintock, liege in ihrer langjährigen Erfahrung. Sie habe ein intuitives Verständnis für den Organismus, und das heiße nicht einfach, daß sie mehr über ihren Gegenstand wisse als andere. Vielmehr habe ihr Denken in all den Jahren, die sie sich mit Maispflanzen befasse, weit mehr Informationen verarbeitet, als ihr bewußt sei. (Sie ging sogar so weit, diesen unbewußten Prozeß mit der Arbeit eines Computers zu vergleichen.) Vielleicht ist also die plötzliche intuitive Erkenntnis eines Wissenschaftlers in Wirklichkeit die Lösung eines Umkehrproblems, um die sich das Unbewußte in jahrelanger, geduldiger Arbeit bemüht hat. Möglicherweise sind Umkehrlösungen auch gar nicht so neu, und vielleicht ist Thomas Edison der Wahrheit nähergekommen, als ihm selbst klar war, als er schrieb: «Genie ist ein Prozent Inspiration und neunundneunzig Prozent Transpiration.»

UNMÖGLICHE KRISTALLE

«Ich weiß nicht, welchen Eindruck die Welt von mir hat, aber mir selbst will es scheinen, als sei ich nur wie ein Junge gewesen, der am Strand spielt.» So hat Sir Isaac Newton, der Ahnherr der modernen Physik, sein Lebenswerk charakterisiert. Und damit offenbarte er einen Aspekt seiner Berufung, der dem Nichtwissenschaftler selten bewußt wird. Denn nur zu häufig bleibt das spielende Kind im Zentrum des ganzen Treibens hinter einer Mauer schwerverständlicher Theorie und einem Gewirr technischer Instrumente verborgen. Doch gelegentlich sehen wir hinter der Maske von Ernst und Tiefgründigkeit ein kleines Gesichtchen hervorschauen, und solche seltenen Erlebnisse verschaffen uns tiefere Einsicht in das Wesen der Wissenschaft als ganze Bände voll gelehrter Erläuterungen.

Wie entscheidend dieser wissenschaftliche Spieltrieb ist, führt sehr deutlich die Entdeckung einer neuen Kategorie von Stoffen vor Augen, der sogenannten Quasikristalle. Quasikristalle sind dreidimensionale Strukturen, aber ihre Vorläufer existieren in zwei Dimensionen, also in der Ebene. Die Geschichte begann im Januar 1977, als Martin Gardner in seiner Kolumne «Mathematische Spielereien» für die Zeitschrift *Scientific American (Spektrum der Wissenschaft)* die Frage aufwarf, wie man eine Fläche mit Fliesen, das heißt mit regelmäßigen Vielecken, bedecken kann. Das Problem ist so alt wie die griechischen Mosaike, doch Gardners Aufsatz löste eine Welle von Forschungsarbeiten aus, die die Parkettierung, wie man das Problem bald nannte, in die vorderste Reihe der modernen Physik trug.

Die mathematische Analyse der Parkettierung begann mit der Beobachtung, daß eine Ebene – ein Badezimmerfußboden beispielsweise – mit Fliesen in der Form von Rechtecken, Dreiecken oder Sechsecken lückenlos bedeckt werden kann, während dies nicht möglich ist, wenn die Fliesen die Form von Kreisen, Sternen oder, in unserem Zusammenhang besonders wichtig, regelmäßigen Fünfecken haben. Wie auch immer man fünfeckige Fliesen zusammenfügt, sie werden stets Lücken lassen. Überzeugen Sie sich davon, indem Sie eine Reihe identischer Fünfecke ausschneiden und auf Ihrem Schreibtisch mit ihnen spielen. Rasch werden Sie eine entschiedene Antipathie gegen diese fünfseitigen Monster entwickeln.

Ein regelmäßiges Fünfeck hat eine fünfzählige Symmetrie, das heißt, wenn Sie die Figur um ihren Mittelpunkt drehen, sieht es nach jeder fünftel Drehung gleich aus. Entsprechend hat ein Quadrat eine vierzählige Symmetrie, eine Sechseck eine sechszählige und so fort. Jede Figur, mit der sich eine Fläche parkettieren läßt, kann ihre Symmetrie auf die gesamte Fläche übertragen: Zum Beispiel läßt sich eine Sechseck-Parkettierung um den Mittelpunkt jedes Sechsecks drehen, und es zeigt sich, daß das Gesamtmuster eine sechszählige Symmetrie aufweist. Könnte man ein Fünfeck zur Parkettierung einer Fläche benutzen, so besäße die Parkettierung eine fünfzählige Symmetrie. Aber natürlich ist das mit Fünfecken nicht möglich.

Doch Gardner benutzte zwei Fliesenformen statt nur einer und erzeugte damit faszinierende Parkettierungsmuster, die tatsächlich fünfzählige Symmetrie aufweisen: Ganze Regionen der Parkettierung sahen nach jeder fünftel Drehung gleich aus. Eine Region enthielt beispielsweise Fliesengruppen, die fünfzackigen Sternen glichen. Es schien, als bestimmten Fünfecke die Regeln, ohne tatsächlich vorhanden zu sein.

Die Methode zur Entwicklung solch erstaunlicher Parkettierungen hatte Gardner von Roger Penrose, einem mathematischen Physiker aus England, übernommen. Penrose hat ein Faible für knifflige geometrische Spielereien. In seiner Jugend zeichnete er mit seinem Vater ein unmögliches Objekt, die «Penrose-Treppe», eine Wendeltreppe, die eine Spirale um die andere beschreibt, ohne höher oder tiefer zu gelangen. Der holländische Maler M. C. Escher verwendete ihre Idee in der berühmten Lithographie *Treppauf, treppab,* die zeigt, wie eine Prozession von Männern die Treppe zugleich empor- und hinabsteigt.

Genauso faszinierend sind «Penrose-Muster». Keine der beiden Grundfiguren ist ein Fünfeck, und sie lassen sich auch nicht zu einem solchen zusammenlegen. Trotzdem sind die Figuren wie mißratener Fünfeck-Nachwuchs. Sie haben Winkel und Proportionen, die beim Fünfeck und seinen Diagonalen vorkommen, und wenn man sie auf einer Ebene zusammensetzt, zeigen die beiden stolz die fünfzählige Symmetrie ihrer Eltern.

Das einfachste Penrose-Muster bedient sich zweier Rauten, die eine dick und die andere dünn. Dabei hat die dicke Figur einen Innenwinkel von 108 Grad, was dem Innenwinkel eines regelmäßigen Fünfecks entspricht. Die dünne Figur hat einen Innenwinkel von 36 Grad, ein Winkel, den die Diagonalen des Fünfecks bilden. Während die Seiten aller Fliesen von gleicher Länge sind, beträgt das Flächenverhältnis der dicken und dünnen Fliesen $(1 + \sqrt{5})/2$, also ungefähr 1,618. Zufällig entspricht diese Zahl dem Längenverhältnis zwischen einer Diagonalen und einer Seite eines regelmäßigen Fünfecks. Außerdem ist es der berühmte «Goldene Schnitt», der als Ausdruck höchster Harmonie von den Malern und Architekten der griechischen Antike wie der Renaissance verehrt wurde. Wie wir noch sehen werden, sind der Goldene Schnitt und die Fünfeck-Symmetrie vielfältig und wundersam in den Penrose-Mustern enthalten.

Alle Penrose-Parkettierungen lassen sich in einer unendlichen Vielfalt von Mustern herstellen. Dabei ist jede Variation nichtperiodisch, und darin liegt ihr Reiz. Im Gegensatz zu den einzelnen Ziegelsteinen in einer Mauer oder den Latten in einem Zaun läßt sich keine Gruppe von einer oder mehr Fliesen unendlich wiederholen, um das ganze Muster zu erzeugen. Auf den ersten Blick sehen Penrose-Parkettierungen vielleicht periodisch aus – Fliesengruppen bilden wiederholte Motive wie etwa fünfzackige Sterne –, doch bei genauerer Betrachtung zeigt sich, daß die Abstände zwischen diesen

Motiven unregelmäßig und daß einige gegenüber anderen gedreht sind.

Vom Anblick dieser Muster in ihrem Schwebezustand zwischen Ordnung und Chaos fühlten sich die Forscher naturgemäß angezogen wie Kinder von einem neuen Spielzeug. Im Laufe der nächsten sechs Jahre wurden viele Penrose-Muster auf drei Dimensionen übertragen, wozu Polyeder verwendet wurden, die den Raum lückenlos ausfüllten. Wie ihre Verwandten in der Ebene waren auch die dreidimensionalen Parkettierungen nichtperiodisch.

Zu den selbstvergessenen Spielern gehörte auch Paul Steinhardt, ein Physiker an der University of Pennsylvania, der sehr wohl weiß, wie wichtig das spielerische Element in der Forschung ist. Steinhardts Büro ist vollgestopft mit Spielsachen. Zwischen Büchern und Computern, den Versatzstücken ernsthafter Wissenschaft, finden sich die verschiedensten Modelle – von behelfsmäßigen Pappkonstruktionen, die durch Klebeband zusammengehalten werden, bis hin zu kostspieliger Computergraphik. Da gibt es nichts, was Steinhardt nicht für seine Zwecke hätte brauchen können: Kleiderbügel, Schaumgummibälle, Spielwürfel, Acetatplatten, Legosteine, Zahnstocher, Zeichenkarton. Steinhardt hatte keine Chance: Er *mußte* dem Spiel mit den dreidimensionalen, nichtperiodischen Parkettierungen verfallen.

1984 waren er und sein Student Dov Levine so in das Spiel vertieft, daß sie in der Analyse noch einen Schritt weiter gingen: Sie ließen durch ein Computerprogramm das Beugungsmuster errechnen, das diese theoretischen Strukturen erzeugt hätten, wenn die Bausteine echte Atome und nicht imaginäre Fliesen gewesen wären.

Beugungserscheinungen sind die Fenster, durch die Physiker in Stoffe hineinsehen. Wenn Elektronen- oder Röntgenstrahlen durch Feststoffe dringen, werden sie durch die Atome in ihrem Innern gebeugt oder gestreut. Die gebeugten Strahlen lassen sich direkt fotografieren, und die Bilder, die sie auf dem Film erzeugen, spiegeln die Atomstruktur des gerade durchquerten Objekts wider. An sich sind die Beugungsmuster nicht sehr aufschlußreich. Sie bestehen aus geheimnisvollen Anordnungen von Punkten und Streifen, die wenig

Ähnlichkeit mit den porträtierten Körpern haben. Doch der Kundige kann sie entschlüsseln wie Familienfotos.

Die deutlichsten Beugungsmuster enthalten scharfe, isolierte Punkte. Dabei handelt es sich um die Porträts von Kristallen. Ihre klar abgegrenzten Flecken verdanken sie der Periodizität der zugrundeliegenden Struktur. Wenn der Strahl auf die Atome in einem Kristall trifft, streuen sie in alle Richtungen; doch in einigen bevorzugten Richtungen verstärken sich die gebeugten Strahlen je nach der Anordnung der Atome und rufen helle Flecken auf dem Film hervor. Ein bißchen ähneln Kristalle Obstgärten, in denen die Bäume in strenger geometrischer Gitterform gepflanzt sind. Die meisten Blickrichtungen sind durch Bäume verstellt, aber in einigen wenigen Richtungen kann man durch den ganzen Garten hindurchsehen.

In einer anderen Kategorie von Beugungsmustern sind die Punkte entweder zu verschwommenen Ringen aufgebläht oder fehlen ganz. Solche Bilder werden durch Glasstoffe erzeugt. Im Gegensatz zu Kristallen besteht Glas aus zufällig zusammengefügten Atomen oder Molekülen. Sie gleichen eher wild wachsenden Wäldern als kultivierten Obstgärten. Da sie keine bevorzugten Beugungsrichtungen kennen, weisen die von ihnen hervorgebrachten Muster auch keine scharf umrissenen Punkte auf.

Bis zur Entdeckung der Quasikristalle glaubte man, es gäbe nur diese beiden Kategorien von festen Stoffen – den beiden Arten von Beugungsmustern zugeordnet. Enthielt das Muster scharf umrissene Punkte, handelte es sich bei dem Stoff um ein Kristall, waren die Punkte verschwommen oder gar nicht vorhanden, hatte man es mit Glas zu tun. Jeder rein vorkommende Festkörper in der Natur – egal ob Edelstein, Metall oder DNA – war entweder kristallin oder gläsern.

Dieses säuberliche Schema stellten Levine und Steinhardt in Frage, als sie einen simulierten Röntgenstrahl auf einen ihrer imaginären Festkörper richteten. Das vom Computer errechnete Beugungsmuster überraschte die beiden: scharf umrissene Punkte zeichneten sich ab. Da die Atomstruktur ihres Festkörpers nichtperiodisch war, hätte es eigentlich die verschwommenen Beugungsmuster zeigen müssen, die charakteristisch für Glasstoffe sind.

Natürlich verlangte dieses widersprüchliche Ergebnis nach einer Erklärung. Um den Vorgang besser zu verstehen, gingen die beiden Physiker zum Ursprung ihres Computermodells zurück: dem zweidimensionalen Penrose-Muster. Außerdem holten sie den Rat des Amateurmathematikers Robert Ammann ein. Ammanns Arbeit führte sie zu der Entdeckung, daß der Abstand zwischen den Fliesen weder periodisch noch zufällig, sondern etwas dazwischen war, eine Ordnung, die sie quasiperiodisch nannten.

Der Fliesenabstand, so stellte Amman fest, nimmt eine von zwei Längen an, entweder eine größere Länge *a* oder eine kürzere Länge *b*. Das Verhältnis der beiden Längen entspricht dem Goldenen Schnitt, und sie wechseln einander in einer vorhersagbaren, festgelegten Ordnung ab – eine unendliche Folge, die man als Fibonaccische Zahlen bezeichnet. Leonardo Fibonacci, ein Mathematiker des 13. Jahrhunderts, legte die Regeln für die Erzeugung dieser Zahlenfolge fest, als er sich mit idealisierter Kaninchenvermehrung beschäftigte. Die erste Regel: Man beginne mit einem ausgewachsenen Kaninchen *a* und nehme an, daß am Ende eines jeden Jahres jedes ausgewachsene Exemplar ein Junges *b* hat, das man unmittelbar nach dem Vater/Muttertier notiert. Zweite Regel: Jedes Jungtier ist ein Jahr nach seiner Geburt ausgewachsen. (Fibonacci war ein Realist und bezeichnete mit jedem Buchstaben ein Kaninchen*paar*. Steinhardt und viele andere vereinfachen, indem sie so tun, als ob ein einzelnes ausgewachsenes Tier ein Junges haben kann. Wir folgen hier dieser einfacheren Beschreibung.)

Um das erste Glied der Folge zu erhalten, beginnt man mit einem ausgewachsenen Kaninchen: *a*. Im zweiten Jahr hat dieses Tier ein Junges, und die Folge weist zwei Glieder auf: *ab*. Im dritten Jahr hat das erste ausgewachsene Tier ein weiteres Junges, das nach dem ausgewachsenen Tier notiert wird, während das erste Junge inzwischen ausgewachsen ist, so daß man *aba* erhält. Im vierten Jahr fügt man zu jedem ausgewachsenen Tier ein Junges hinzu und ändert das bereits vorhandene Junge in ein ausgewachsenes Kaninchen um: *abaab*. Fährt man damit nun Jahr für Jahr fort, so erhält man *abaababa, abaababaabaab* und so weiter. Die Folge läßt sich auch erzeugen, indem man die Sequenzen zweier vorhergehender Jahre addiert, wobei man die Sequenz des letzten Jahres zuerst notiert. Somit verändert sich die Folge also nicht von einem Jahr zum anderen, sondern wird einfach länger. Notiert man jedes Jahr die Gesamtzahl der Kaninchen (1 in Jahr eins, 2 in Jahr zwei, 3 in Jahr drei, 5 in Jahr vier und so fort), erhält man eine Kette von ganzen Zahlen – die berühmte Fibonaccische Zahlenfolge (1, 2, 3, 5, 8, 13, 21, 34, 55, 89...), in der jedes Glied die Summe der beiden vorhergehenden ist. Und wieder hebt der Goldene Schnitt sein anmutiges Haupt. Je länger die Folge wird, desto mehr nähert sich das Verhältnis zweier aufeinanderfolgender Glieder 1,618 an.

Offenbar ist Fibonacci auf etwas Wichtiges gestoßen. Vor fast acht Jahrhunderten hat er eine Art eindimensionales Penrose-Muster erfunden, eine Zahlenfolge, die zwar nicht periodisch, aber auch nicht zufällig ist, weil es eine sehr strenge Regel für die Vorhersage des jeweils nächsten Glieds der Folge gibt. Dank der mittelalterlichen Hobby-Mathematik hatten Steinhardt und Levine eine bedeutsame Entdeckung gemacht: Sie hatten endlich eine Erklärung für das Beugungsmuster ihres imaginären Festkörpers. Aufgrund dieser Erkenntnis konnten sie nachweisen, daß Periodizität im Gegensatz zur allgemeinen Auffassung keine notwendige Voraussetzung für die Erzeugung von Beugungspunkten ist – Quasiperiodizität reicht dazu völlig aus.

Allerdings hatte ihr quasiperiodischer Festkörper eine mißliche Eigenschaft: Die Punkte im Beugungsmuster waren in fünfzähliger Symmetrie angeordnet. Für traditionelle Kristallographen sind solche Muster beim besten Willen nicht zu akzeptieren. Ein grundlegender Lehrsatz ihrer Disziplin lautet, daß Kristalle keine Beugungsmuster mit fünfzähliger Symmetrie erzeugen können, weil die zugrundeliegende Atomanordnung keine Fünfeck-Symmetrie besitzen kann – sowenig wie sich Badezimmerfußböden mit Fünfecken fliesen lassen.

Was Steinhardts imaginäre Festkörper auch immer sein mochten, sie waren jedenfalls keine Kristalle. Doch die scharf umrissenen Punkte in den Beugungsmustern zeigten andererseits, daß sie auch keine Glasarten waren. Ihre Basisstruktur vereinigte Eigenschaften von Kristallen mit denen von Gläsern. Die theoretischen Stoffe waren wie Säugetiere, die Eier legen: Schnabeltiere der Physik. Steinhardt beschloß, sie Quasikristalle zu nennen, und fügte sie der wachsenden Liste amüsanter Ideen hinzu, die sich aus Penroses mathematischer Spielerei ergaben.

Doch dann geschah das Unglaubliche. Im Herbst 1984, als Steinhardt Urlaub am IBM-Forschungszentrum in Yorktown Heights im Staat New York machte, betrat der Harvard-Physiker David Nelson sein Büro mit aufregenden Neuigkeiten. Er legte die Kopie eines Beugungsmusters auf den Tisch, das von einer Legierung aus Aluminium und Mangan stammte. Zunächst erläuterte Nelson, das Bild habe ein Forschungsteam am National Bureau of Standards gemacht, und wies dann auf das ungewöhnliche Erscheinungsbild des Punktmusters hin: eine deutlich erkennbare fünfzählige Symmetrie.

Steinhardt stockte der Atem. Das Bild wies eine verblüffende Ähnlichkeit mit der Computersimulation auf, die er und Levine angefertigt, aber noch nicht veröffentlicht hatten. Glücklicherweise war Levine an diesem Tag zu Besuch aus Philadelphia da, und sogleich machten sich die drei Wissenschaftler, glücklich wie Kinder, die am Strand spielen, an die Arbeit: Sie maßen den Abstand zwischen den Punkten auf einer Vergrößerung des Fotos und verglichen die Ergebnisse mit dem Computerausdruck. Wie Steinhardt sich erinnert, wußte er die Antwort, noch bevor die Messungen sie bestätigten. Die beiden Bilder stimmten überein.

In der Wissenschaft tritt der Augenblick der Wahrheit ein, wenn man die Theorie an den Experimentaldaten mißt. Die Übereinstimmung zwischen beiden entscheidet über die Gültigkeit der Theorie. Nichts anderes zählt. Gewöhnlich vollzieht sich dieser Vergleich zwischen Daten und Berechnungen schritt- und stückweise, so daß sich die Wahrheit ganz allmählich inmitten all der Unklarheiten und Zweifel herausschält, von denen schöpferische Bemühungen gewöhnlich begleitet sind. Doch wenn sich dieser Moment der Wahrheit unerwartet und blitzartig einstellt, wie an diesem Tag im IBM-Zentrum, dann beflügelt er die wissenschaftliche Tätigkeit auf Jahre hinaus.

Damit war also ein neues Gebiet der Festkörperphysik, die Wissenschaft von den Quasikristallen, geboren. In schneller Folge wurden mehr als hundert Legierungen mit fünfzähliger Symmetrie entdeckt. Auch sieben-, neun-, elfzählige und andere bislang verbotene Symmetrien erwiesen sich als möglich, gelehrte Symposien wurden einberufen und Monographien veröffentlicht.

Doch im Keller lag noch eine Leiche verborgen – ein möglicherweise entscheidender Fehler der gesamten Theorie. Als man allmählich den Aufbau der zwei- und dreidimensionalen quasiperiodischen Parkettierungen zu verstehen begann, vermochte sich niemand einen Mechanismus vorzustellen, auf dessen Grundlage sich Millionen und Abermillionen echter Atome spontan zu diesen komplizierten Mustern fügen können.

Jeder, der versucht, Penrose-Muster zusammenzulegen, bemerkt rasch, daß es nicht leicht ist. Bei jeder Fliese, die man hinzufügt, muß man vorausdenken und sich das Gesamtmuster vergegenwärtigen, sonst bekommt man Schwierigkeiten. Wenn man einen Fehler macht, muß man weit zurückgehen und viel Arbeit erneut investieren, die man schon geleistet hat. Das Problem liegt darin, daß es zwar lokale Regeln gibt – Anweisungen, wie eine Fliese in eine bestimmte Lücke einzufügen ist –, daß diese Regeln aber nicht ausreichen, um das ganze Muster anzulegen. Offenbar müssen sie durch globale Regeln ergänzt werden, die uns zwingen, vorauszuplanen und die Fliesenkonfiguration an weit entfernten Punkten zu prüfen. So wuchs zwischen 1984 und 1988 die Überzeugung, daß sich vollkommene quasiperiodische Parkettierungen nicht mit lokalen Regeln allein konstruieren lassen.

Lokale Regeln für das Zusammenlegen von Fliesen entsprechen den Kräften, die neue Atome an die Oberfläche eines wachsenden Quasikristalls ziehen und dort festhalten. Sie sind plausible Faktoren des Wachstumsmechanismus. Für globale Regeln gilt das nicht. Die Atome auf einer wachsenden Oberfläche planen nicht voraus und prüfen nicht die Ausrichtung ferner Regionen der Oberfläche, sondern reagieren nur auf die interatomare Haftkraft elektrischen Ursprungs, die von ihren unmittelbaren Nachbarn ausgeht. Wenn sich quasiperiodische Muster nur mit Hilfe globaler Regeln konstruieren ließen, könnten sie nicht von echten Atomen in echten Legierungen gebildet werden; folglich könnte es in der Natur keine Quasikristalle geben.

Das Problem war so gewichtig, daß man nach konventionelleren Erklärungen der beobachteten Beugungsmuster zu suchen begann. So vermutete der zweimalige Nobelpreisträger Linus Pauling beispielsweise eine Anordnung gewöhnlicher Kristalle, die er Zwillingsbildung nannte. Zwillingskristalle wachsen aus verschiedenen Ursprüngen und durchdringen einander in ungewöhnlichen Winkeln von beispielsweise 72 Grad. Das könnte ein Beugungsmuster von scheinbarer fünfzähliger Symmetrie hervorrufen, obwohl die zugrundeliegende Struktur konventionell wäre. Andere Wissenschaftler, unter ihnen auch Steinhardt selbst, untersuchten Glasstrukturen, in denen winzige Kristallfragmente eingebettet waren, um festzustellen, ob sie vielleicht Beugungsmuster zu erzeugen vermögen, deren Flecken fast so scharf umrissen wie die Punkte von Kristallen sind.

Doch dann, im Jahre 1988, zahlte sich der Spieltrieb ein weiteres Mal aus. Der IBM-Keramikexperte George Onoda begann mit ungefähr zweihundert Penrose-Fliesen zu spielen. Unbeeindruckt von der Behauptung, es gehe nicht, gelang es ihm, fehlerlose Parkettierungen beliebiger Größe nach streng lokalen Regeln herzustellen. «Es war für mich ein Puzzle», sagt er, «eine Herausforderung, den Neinsagern zu beweisen, daß sie unrecht hatten.»

Onoda zeigte Steinhardt seine Verfahren, und die beiden vergnügten sich ein paar Stunden lang mit den Fliesen. Steinhardt faßte Onodas Erkenntnisse in einigen einfachen Regeln zusammen, die die

Orientierung der Fliesеneckpunkte auf eine der acht möglichen Kombinationen des vollkommenen Penrose-Musters festlegen. Mit Hilfe zweier Kollegen entwickelte er einen durch eine Computersimulation mit einer Million Fliesen erhärteten mathematischen Beweis, daß quasiperiodische Strukturen doch natürlich wachsen können – zumindest in zwei Dimensionen.

Nach diesen Regeln kann man ein Penrose-Muster herstellen, indem man an seinen sich ausweitenden Grenzen einfach neue Fliesen hinzufügt. Die Regeln legen fest, welche Leerstellen zuerst gefüllt und zufallsbestimmt ausgewählt werden müssen, wenn es mehr als eine äquivalente Leerstelle gibt, welche der beiden Fliesenformen in jedem Fall zu verwenden und wie auszurichten ist. Um eine Parkettierung zusammenzusetzen, braucht man danach entfernte Teile des Musters nicht mehr zu berücksichtigen – so wenig wie ein Atom wissen muß, was woanders geschieht, um zu entscheiden, wie es sich zu drehen und seinen Nachbarn anzulagern hat.

Eine vollständige Theorie der Quasikristalle verlangt, daß man die lokalen Regeln auf drei Dimensionen überträgt und ihre Übereinstimmung mit den tatsächlichen Atomkräften nachweist. Keine dieser Aufgaben ist bisher gelöst worden, aber Steinhardt jedenfalls glaubt fest daran, daß dies noch geschehen wird.

In der Zwischenzeit sind die Experimentalphysiker fleißig an der Arbeit. Ständig berichten sie von immer größeren und vollkommeneren Quasikristallen und katalogisieren sorgfältig alle ihre physikalischen Eigenschaften. Doch niemand weiß, was noch zu erwarten ist, denn trotz ihrer umfangreichen Erfahrung mit Kristallen und Gläsern sind sie nicht in der Lage, zuverlässige Vorhersagen über Quasikristalle zu machen. Quasikristalline Legierungen könnten infolge der vielfältigen Verflechtung ihrer Bestandteile härter als Kristalle sein und deshalb Industriediamanten ersetzen. Vielleicht enden sie auch als Herzstücke neuer Geräte, von denen wir noch nicht einmal träumen. Wer weiß? Die Forscher werden eben noch ein bißchen mit ihnen herumspielen, um zu sehen, was sich mit ihnen machen läßt.

DER SCHEUE MONOPOL

Vor kurzem haben die Teilchenphysiker ein Familienmitglied verloren. Gewiß, es war ein Einzelgänger, ein Eindringling wie ein unerwartet zu Besuch kommender Onkel von den Antipoden, aber vielleicht wurde der Verlust eben deshalb um so schmerzlicher empfunden. Was war geschehen? Die einzige Beobachtung eines magnetischen Monopols, kurz vor zwei Uhr nachmittags am Valentinstag 1982 aufgezeichnet, wurde widerrufen, und die Welt der Teilchenphysik war um einen Bewohner ärmer geworden.

Magnetische Monopole sind isolierte Pole, entweder Süd oder Nord genannt; abgesehen von einer spektakulären Ausnahme ist nie einer entdeckt worden. Im Gegensatz zu elektrischen Ladungen, die auch in zwei Formen (negativ und positiv, wie wir sagen) vorkommen und die in der Regel isoliert beobachtet werden, scheinen magnetische Pole nur in Paaren, sogenannten Dipolen, aufzutreten. Offenbar scheut die Natur magnetische Monopole.

Alle Versuche, einen Monopol künstlich herzustellen, sind gescheitert. In einer großen Monographie zu diesem Thema, *De magnete*, die 1600 erschien und manchmal als die erste Abhandlung der modernen Naturwissenschaft bezeichnet wird, hat der Leibarzt von Königin Elizabeth, William Gilbert, beschrieben, was geschieht, wenn man einen Magneten zerteilt: Statt eines Nord- und eines Südpols, wie man erwarten könnte, erhält man zwei herkömmliche Magneten, jeder mit den üblichen zwei Polen ausgestattet. Heute können wir Elektromagneten aus stromdurchflossenen Drahtspulen herstellen, aber jede Konfiguration, die wir versuchen, und mag sie noch so einfallsreich sein, zeigt das vertraute Bild der gepaarten Pole. Nord und Süd sind so untrennbar wie die beiden Seiten einer Münze.

Theoretisch erscheinen magnetische Monopole überaus sinnvoll. Als der schottische Physiker James Clerk Maxwell in den sechziger Jahren des 19. Jahrhunderts die einheitliche Theorie der Elektrizität und des Magnetismus entwickelte, entdeckte er viele erstaunliche Parallelen zwischen den beiden. Tatsächlich zeigen seine Gleichungen ein hohes Maß an Symmetrie zwischen elektrischen und magnetischen Feldern. Man kann ihre mathematischen Symbole austauschen und fast, wenn auch nicht ganz, zu den ursprünglichen Formeln zurückgelangen. Beeinträchtigt wird das Bild nur durch den Term für elektrische Ladungen und das Fehlen seines magnetischen Pendants.

Die gebrochene Symmetrie der Maxwellschen Gleichungen verlangt unabweisbar nach ihrer Wiederherstellung durch die Einführung magnetischer Monopole und rechtfertigt damit die Suche nach solchen Objekten. Viele der heute bekannten Elementarteilchen wurden bei dem Versuch entdeckt, die Leerstellen in ästhetischen, aber unvollständigen theoretischen Mustern auszufüllen. Trotz ihres Mangels an Symmetrie haben sich Maxwells Gleichungen so gut bewährt, daß man ihren Vorhersagen über magnetische Monopole, wenn es sie denn gibt, vertrauen kann. So paradox es klingt: vom Geheimnis ihres Nichtvorhandenseins abgesehen, wissen wir über Monopole gut Bescheid.

Sie lassen sich sogar experimentell simulieren. Stellen wir uns einen sehr langen, dünnen und biegsamen Magneten vor. Sagen wir, er besteht aus einer großen Anzahl winziger Stabmagneten, die zu einer kilometerlangen Schlange aneinandergelegt worden sind, so dünn wie ein intravenöser Nährschlauch. Die Wirkung aller Pole wird, mit Ausnahme der beiden Enden, durch die sie berührenden Gegenpole aufgehoben. Da sie so weit voneinander entfernt sind, beeinflussen sie sich nicht mehr auf wahrnehmbare Weise: Jeder repräsentiert einen Monopol und verhält sich wie ein solcher. Nur der störende Schlauch, diese unvermeidliche Nabelschnur zwischen den beiden Polen, beeinträchtigt die Simulation. Solange sich das Anhängsel nicht eliminieren läßt, kann man das Verhalten eines Monopols nur auf diese Weise untersuchen.

Überlegungen wie diese gehören seit mehr als einem Jahrhundert zum klassischen Kanon der Physik. Doch in den letzten zehn Jahren hat das Interesse an magnetischen Monopolen aus theoretischen wie experimentellen Gründen einen neuen Höhepunkt erreicht. Einerseits sagen die umfassendsten Entwürfe zur Beschreibung aller Teilchen und Kräfte, die sogenannten Großen Vereinheitlichten Theorien, einhellig die Existenz von Monopolen vorher. Auf der anderen Seite haben Experimentalphysiker neue Detektoren erfunden, die sich das Prinzip der Supraleitung zunutze machen und über ideale Voraussetzungen für die Entdeckung der Monopole verfügen. Anfang der achtziger Jahre waren die Physiker auf Monopole geeicht, und so begrüßten sie die Beobachtung, die Blas Cabrera von der Stanford University am Valentinstag gelang, mit Begeisterung.

Seither ist das Experiment von Laboratorien in der ganzen Welt wiederholt worden – ohne Erfolg. Cabrera selbst hat seine Versuchsanordnung mehrfach verbessert. Im Februar des Jahres 1990 berichteten er und seine Mitarbeiter schließlich, daß auch ein Experiment, das zweitausendmal empfindlicher als das erste gewesen sei, zu negativen Ergebnissen geführt habe, und forderten die Wissenschaftler auf, die ursprünglichen Daten «auszurangieren». Der magnetische Monopol verlor auf Geheiß seines Entdeckers seine Existenzberechtigung.

Das Dementi wirft interessante Fragen auf. Niemand, nicht einmal Cabrera selbst, hat einen Fehler in dem Originalexperiment entdeckt. Auch sind keine neuen theoretischen Argumente aufgetaucht, die es in Zweifel ziehen könnten. Der Widerruf war ein Urteilsspruch, der sich auf die überwältigende negative Beweislage der vorangegangenen acht Jahre stützte. Aber ist damit die erste Entdeckung wirklich widerlegt? Man kann materielle Beweismittel vernichten, aber kann man auch ein Experiment «ungeschehen» machen? Kann man die Veröffentlichung eines Gedichtes zurücknehmen?

Bis 1931 war der magnetische Monopol lediglich ein merkwürdiges mythisches Geschöpf, das Einhorn unter den Elementarteilchen. Die bürgerlichen Ehrenrechte verlieh ihm erst der große britische Physiker Paul Dirac, der den Nobelpreis bekam, weil er Einsteins Relativitätstheorie auf das Problem der Atomstruktur angewendet hatte. Dirac fragte also, wie Monopole sich mit der Quantentheorie, der grundlegenden Beschreibung der Materiestruktur, vertrügen. Seine Antwort war unerwartet und weckte ein ganz neues Interesse an der Frage nach der Existenz magnetischer Monopole.

Dirac stellte sich einen hypothetischen schweren Monopol vor, der sich im Ruhezustand, sagen wir, auf dem Schreibtisch befindet. Irgendwo weit über ihm streicht ein geladenes Teilchen vorbei. Wie man weiß, lenkt ein magnetisches Feld eine bewegte Ladung ab – beispielsweise können Sie das Bild auf Ihrem Fernsehschirm verzerren, indem Sie einen Magneten in seine Nähe bringen. Folglich wird die Bahn der Ladung über Diracs Kopf durch das magnetische Feld des Monopols auf seinem Schreibtisch leicht gekrümmt. Als Dirac näher über die Art dieser Ablenkung nachdachte, wurde ihm klar, daß die Gesetze der Quantenmechanik nur winzige, diskrete Bahnveränderungen – Quantensprünge – zulassen, die durch ganze Zahlen ausgedrückt werden können. Da das Ausmaß der Ablenkung offenbar von der Stärke des Monopols und der Größe der Ladung abhängt, konnte er eine Formel ableiten, die sich täuschend einfach in den entsprechenden Einheiten ausdrücken läßt: Die Stärke des Monopols mal der Ladungsgröße ergibt immer eine ganze Zahl.

Diese Gleichung, die sogenannte Diracsche Quantisierungsbedingung, kann man auf verschiedene Arten ableiten und gelangt immer zum gleichen Ergebnis. Angesichts der Tatsache, daß es um die Beschreibung eines nichtvorhandenen Objekts geht, ist das Faktum recht gut bewiesen und unstrittig. Seine Folgen sind so weitreichend wie verblüffend.

Die Stärke des angenommenen Monopols auf Diracs Schreibtisch ist nicht wichtig – sie ist nur eine bestimmte Zahl: Nennen wir sie x. Sobald sie gegeben ist, muß jede Ladung im Universum in der Lage sein, Diracs Quantisierungsbedingung gerecht zu werden; das heißt, mit x multipliziert, muß die Ladung eine ganze Zahl ergeben. Die kleinste Ladung, die es überhaupt geben kann und die die geforderte Bedingung erfüllt, wäre eins durch x, die nächste zwei durch x, dann drei durch x und so fort. Mit anderen Worten, Ladungen können nur als ganzzahlige Vielfache des «Ladungsquants» vorkommen, das gleich dem reziproken Wert von x ist. Das Ladungsquant ist die kleinste Münze im Währungssystem der Elektrizität.

Die Quantisierung der elektrischen Ladung ist nicht etwa eine neue Idee, sondern ein gründlich belegtes Gesetz. In der Natur hat man unter Dutzenden von Teilchenarten und Billionen von Teilchenindividuen nur ganzzahlige Vielfache von $1{,}602177 \times 10^{-19}$ – in Einheiten der elektrischen Ladung oder Coulomb – entdeckt. So haben beispielsweise alle Elektronen exakt die gleiche Ladung, während Protonen eine identische, aber entgegengesetzte Ladung aufweisen. Wenn nicht genau diese Bedingungen erfüllt wären, sähe die Welt ganz anders aus. Mit seinem Gedankenexperiment aus dem Jahre 1931 hat Dirac eine Erklärung für die universelle Erscheinung der Ladungsquantisierung geliefert. Um sie zu verstehen, müssen wir lediglich die Gesetze der Quantenmechanik akzeptieren und dann irgendwo im Universum einen Monopol finden.

Der Scharfsinn der Diracschen Gedankenführung hat viele Physiker veranlaßt, viel Zeit und Mühe in die Suche nach Monopolen zu investieren. 1981, ein halbes Jahrhundert nachdem er die Idee vorgeschlagen hatte und ein Jahr vor Cabreras Entdeckung, meinte Dirac selbst mit typischer Zurückhaltung: «Aus theoretischer Sicht ist man aufgrund der schönen mathematischen Form geneigt, an die Existenz von Monopolen zu glauben», fügte dann aber vorsichtig hinzu: «... eine schöne Form allein ist noch kein hinreichender Grund für die Natur, sich einer Theorie entsprechend zu verhalten.»

Als reiche Diracs Erklärung der Ladungsquantisierung noch nicht aus, gelangen auch moderne Große Vereinheitlichte Theorien oder GUT (nach englisch *grand unified theories*), die nicht nur den Teilchenzoo, sondern auch seine Ursprünge in der kosmischen Entwicklungsgeschichte zu systematisieren versuchen, zu der Vorhersage, daß es magnetische Monopole gibt. Die sogenannten GUT-Monopole hätten exotische Eigenschaften, deren ungewöhnlichste ihre Masse wäre. Während gewöhnliche Elementarteilchen, etwa Protonen, so wenig wiegen, daß eine Milliarde Milliarden erforderlich sind, um ein Staubkörnchen zu bilden, wöge jedes GUT-Monopol allein soviel wie dieses Körnchen, was sie zu makroskopisch beobachtbaren Elementarteilchen machen würde, massereicher als Mikroben und mit einem Durchmesser, der so groß wäre wie der einiger Atome. Ihre Magnetstärke wäre der Ladung eines Elektrons reziprok und ihr magnetisches Feld enorm. Aufgrund ihrer Masse würden sie sich meist nur langsam fortbewegen; wie Dinosaurier würden sie sich als Relikte des Urknalls durchs Weltall schleppen.

Da GUT-Theorien in theoretischer Hinsicht sehr ansprechend sind, hat man nah und fern nach ihren charakteristischen Monopolen gesucht. Sind sie vielleicht tief in der Erde verborgen? Man hat den Staub von Bergwerken untersucht, ohne Erfolg. Auf dem Mond? Auch der Mondstaub wurde einer Prüfung unterzogen. Sind sie möglicherweise in Teilchenbeschleunigern zu erzeugen? Nein und abermals nein.

Schließlich richteten die Theoretiker ihren ganzen Scharfsinn auf die Frage, warum es im Universum *keine* Monopole in Hülle und Fülle gibt. Und nach einiger Zeit fanden sie eine Möglichkeit, die Theorie der kosmischen Entwicklung so abzuwandeln, daß sie die Abwesenheit dieser Objekte zu erklären vermochte. Nun gehört es aber zum Wesen der physikalischen Forschung, daß Experimentalwissenschaftler sich zwar von den Spekulationen der Theoretiker anregen lassen, aber nicht unbedingt von jedem theoretischen Argument zu überzeugen sind. Jede Behauptung muß überprüft werden. Deshalb wird die Suche nach Monopolen fortgesetzt.

Ein Ort, an dem dies geschehen kann, ist der interplanetarische Raum. Man hat auch bereits eine Erklärung für die Seltenheit der Monopole in dieser Region. Monopole werden durch magnetische Felder in der gleichen Weise beschleunigt wie Elektronen durch elektrische Felder. Dabei entziehen sie dem magnetischen Feld Energie und bauen es auf diese Weise ab. Deshalb spricht das bloße Vorkommen eines starken interplanetarischen Magnetfelds gegen eine große Häufigkeit von Monopolen. Gäbe es sie dort, so hätten sie das Feld schon lange aufgezehrt. Mithin setzt die bekannte Stärke des interplanetarischen Magnetfelds der Zahl der Monopole, die das Sonnensystem durchstreifen, eine Obergrenze.

Das Phänomen der Supraleitfähigkeit, der Fortfall des elektrischen Widerstands bei tiefen Temperaturen, ermöglicht eine verläßliche Methode, Monopole im Labor zu zählen. Wiederum beruht das Prinzip auf einer Analogie zur elektrischen Ladung: Wenn sich eine Ladung bewegt, ist sie von einem Magnetfeld umgeben, das ihr wie ein Halo folgt. Ebenso wird ein Monopol in Bewegung von einem ringförmigen elektrischen Feld begleitet. Wenn dieser Ring zufällig auf eine Drahtspule trifft, beschleunigt er die Elektronen im Metall und erzeugt einen Stromstoß. Ist die Spule ein Supraleiter, so bleibt der einmal erzeugte elektrische Strom erhalten. Im Prinzip ist ein supraleitender Monopoldetektor leicht zu bauen: Wir müssen eine Spule tiefkühlen, dafür sorgen, daß kein Strom in ihr fließt, und warten. Wenn ein Monopol aus dem All so liebenswürdig ist, sie zu durchqueren, wird ein plötzlicher Strom auftreten und fortdauern. Durch Messung der Stromstärke können wir, lange nachdem das Teilchen im Laborfußboden verschwunden ist, auf die Stärke des Monopols schließen.

Eine solche Apparatur hat Blas Cabrera an der Stanford University erbaut, und am Nachmittag des Valentinstages 1982 wurde das Team für seine Mühe belohnt. Plötzlich und ohne Vorankündigung trat in der bislang völlig ruhigen supraleitenden Spule ein Strom auf. Unzweifelhaft hatte ein vorbeikommender Monopol seine Visitenkarte zurückgelassen.

Cabreras Strom-Zeit-Diagramm zeigt an diesem Tag ein erfreuliches Bild. Unabhängig von seiner Deutung ist es ein Lehrbuchbeispiel für graphische Aussagefähigkeit. Von drei Uhr nachts bis ungefähr zwölf Uhr mittags bleibt die Kurve unverwandt auf Null, ausgenommen ein schwacher Ausschlag von etwa anderthalb Millimetern, hervorgerufen durch elektrisches Rauschen, das sich nie ganz wegfiltern läßt. Ein paar Minuten vor zwei Uhr nachmittags schießt die Nadel dann plötzlich steil um etwa zweieinhalb Zentimeter nach oben und verharrt leicht zitternd bis Mitternacht auf diesem Niveau. Wissenschaftlich gesehen ist ein eindeutigeres Resultat nicht denkbar. Und was noch wichtiger ist, die Stärke des Monopols entspricht exakt dem von Dirac vorhergesagten Wert.

Das wissenschaftliche Establishment reagierte auf Cabreras Bericht mit großem Interesse und vorsichtigem Enthusiasmus. Im Gegensatz zu schludrigen wissenschaftlichen Arbeiten, wie etwa den ursprünglichen Experimenten zur kalten Fusion, verstieß die Entdeckung gegen keine bekannten Prinzipien; der Bericht war, soweit sich das beurteilen ließ, vollständig und schlüssig, die Versuchsanordnung fehlerlos und das Ergebnis eindeutig. Nur eines fehlte noch zum Nobelpreis und zur augenblicklichen Revision aller Lehrbücher über Elektromagnetismus: die unabhängige Bestätigung. Und die gelang nie.

In den folgenden acht Jahren wurde das Experiment in vielen Labors rund um die Welt wiederholt – stets mit negativen Ergebnissen. Cabrera und seine Gruppe erhöhten die Empfindlichkeit ihrer Versuchsanordnung um einen Faktor von zweitausend, vor allem indem sie die Anzahl und die Ausmaße der supraleitenden Spulen vergrößerten, an zwei Orten statt wie bisher an einem nach den Monopolen suchten und die Dauer des Experiments auf anderthalb Jahre erhöhten. Vergeblich, es zeigten sich keine Monopole mehr. Angesichts dieser enttäuschenden Resultate erklärten die Autoren 1990 in der Februarausgabe der angesehenen Zeitschrift *Physical Review Letters*, das früher geschilderte Ereignis sei zu unwahrscheinlich, um als signifikant gelten zu können, und möge deshalb «ausrangiert» werden.

Die Bedeutung dieses Widerrufs ist nicht ganz klar. Hätte Cabrera einen Fehler in seinem Experiment entdeckt, wäre das Dementi rasch und bereitwillig akzeptiert worden. Da die Wissenschaft ihre Fortschritte durch Versuch und Irrtum erzielt, ist ein ehrlicher Irrtum keine Schande – ganz im Gegensatz zu wissenschaftlichem Betrug, der mit beruflicher Exkommunikation geahndet wird. Als beispielsweise vor kurzem ein Neutronenstern beobachtet wurde, der tausendmal rascher rotierte, als zu erwarten war, diese Beobachtung dann aber auf eine in der Nähe befindliche fehlerhafte Fernsehkamera zurückgeführt werden konnte, reagierten die Astronomen mit Verständnis. Doch Cabrera hat in seiner Versuchsanordnung keinen Fehler entdecken können.

In seinem Buch *Die Zeit vor der Zeit*, das die magnetischen Monopole ziemlich ausführlich behandelt, nennt Heinz Pagels das Ereignis vom Valentinstag einen «Zufallstreffer». Ein Zufallstreffer ist ein glückliches Ereignis, wie beim Basketball zum Beispiel ein Wurf aus unmöglicher Position, der zufällig trifft. Doch egal wie selten der Zufallstreffer ist, in einem nach rationalen Gesetzen funktionierenden Universum muß er natürliche Ursachen haben. Cabreras Beobachtung mag auf eine lächerliche, nichtssagende Ursache zurückzuführen sein, zum Beispiel eine Fliege, die sich auf den Detektor gesetzt hat, sie kann aber auch einen echten Monopol erfaßt haben. Das Wort *Zufallstreffer* unterscheidet nicht zwischen den beiden Möglichkeiten. Da aber diese Unterscheidung für die Physik entscheidend ist, wirft Pagels' Bemerkung kein Licht auf die Bedeutung von Cabreras Empfehlung.

Aus wissenschaftlicher Sicht spielt der Widerruf keine große Rolle. Dem neuen Experiment kommt natürlich mehr Gewicht zu, da es empfindlicher und verläßlicher ist. Zwar werden die Experimentalphysiker nie beweisen können, daß es *keine* Monopole gibt, aber sie werden der Anzahl, die pro Sekunde durchschnittlich einen Quadratzentimeter der Erdoberfläche trifft, immer niedrigere Grenzen setzen können. In der Schätzung dieses Durchschnitts wird das Ereignis vom Valentinstag eine immer unwichtigere Rolle spielen, bis es in der Fülle der statistischen Daten völlig untergeht. Wenn die Erwartung, Monopole zu entdecken, von den Experimentatoren immer weiter verringert wird, werden die Theoretiker bemüht sein, ihre Modelle so umzuarbeiten und anzugleichen, daß sie sich mit den Daten decken.

Menschlich betrachtet bedeutet Cabreras Widerruf jedoch einen

Verlust. Solange für diesen einen Monopol die Möglichkeit bestand, real zu sein, hätte Diracs elegante mathematische Form ein fundamentales Naturgesetz sein können. Außerdem hätten Lehrbücher der Teilchenphysik und Kosmologie anstelle hypothetischer Erörterungen ein konkretes Beispiel für das Auftreten und die Entdeckung eines Monopols gehabt. Wenn sie den Widerruf beherzigen, werden sie in Zukunft nur noch lakonisch mitteilen, daß Monopole noch nie beobachtet worden sind. Punktum. Und das wird die Physik ein bißchen langweiliger machen. Denn die Wissenschaft lebt von Anomalien, Kontroversen und Zweifeln. Gewißheit macht ihr den Garaus.

WEYLS REGEL

Das rundeste Objekt auf Erden ist eine Kugel aus niobbeschichtetem Quarz, ungefähr von der Größe eines Tischtennisballs. Durch wochenlanges sorgfältiges Polieren sind ihre Unregelmäßigkeiten auf eine Tiefe von weniger als einem Millionstel Zentimeter reduziert worden. Ohne Reibung in der Schwebe gehalten durch die elektrische Abstoßung zwischen einer Ladung an seiner Oberfläche und einer gleichen Ladung an der Innenwand seines Quarzbehälters, dreht sich die glänzende Kugel still, rasch und – da sie keine Erhebungen und Kerben hat – unmerklich. Ihre Achse weist keine Schwankungen auf, noch nicht einmal solche von der Dicke eines Haars, was die Kugel zu einem idealen Richtungsweiser macht.

Irgendwann in naher Zukunft, so hoffen die Konstrukteure an der Stanford University, wird sich das Gyroskop auf einem Satelliten in Erdumlaufbahn befinden. Die Achse der Kugel wird exakt auf den Stern Rigel in der Konstellation Orion gerichtet sein und dann, mit einer Rate, die so winzig ist, daß nur empfindlichste Instrumente sie registrieren können, langsam von dem Leitstern abweichen. Nicht Umlaufstörungen des Satelliten oder die Bewegung von Rigel werden Ursache dieser Verlagerung sein – diese Einflüsse sind, neben vielen anderen, berücksichtigt worden. Vielmehr wird die Achse sich verschieben, weil die Richtung selbst sich geändert hat. Der Raum, so hat Albert Einstein vor mehr als siebzig Jahren verkündet, wird in der Umgebung massereicher Objekte gekrümmt. Das Stanford-Experiment dient dem Ziel, die durch die Erdschwerkraft bewirkte Ablenkung zu messen.

Nur wenige Physiker haben Zweifel hinsichtlich des Ergebnisses: Wie alle vorhergehenden Überprüfungen wird wohl auch dieses Experiment Einsteins Modell, bekannt als allgemeine Relativitätstheorie, bestätigen. Nach dieser Theorie darf man sich den Raum nicht euklidisch vorstellen, das heißt als eine dreidimensionale Version von Millimeterpapier mit einem Gittersystem aus rechtwinklig zueinander verlaufenden Richtungen. Vielmehr ist in der Umgebung von großen Massen, von Planeten etwa, das Gitter verzerrt, und die Richtungen stehen schräg zueinander. Ein Pfeil in einer Umlaufbahn um die Erde kehrt zwar an seinen Ausgangspunkt zurück, zeigt aber in eine etwas andere Richtung, abgelenkt um einen Betrag, der sich aus seiner Bahn und der Masse des Planeten errechnen läßt. Deshalb fällt in der allgemeinen Relativitätstheorie der Geometrie die überaus bedeutsame Aufgabe zu, nicht nur räumliche, sondern auch dynamische Beziehungen zu beschreiben. Raum, Zeit und Gravitation verschmelzen zu einer universellen Synthese.

Mit der allgemeinen Relativitätstheorie fand Einstein eine Möglichkeit, eine physikalische Kraft – die Gravitation – mittels einer mathematischen Konzeption – der Geometrie – zu beschreiben. Seine Untersuchung begann er mit Experimentaldaten, vor allem der Beobachtung, daß alle Objekte, unabhängig von ihrem Gewicht, gleich schnell fallen. Hinzu kamen einige allgemeine physikalische Prinzipien, so die Annahme, daß die Naturgesetze sich nicht von einem Tag auf den anderen oder von einem Ort der Welt zum anderen verändern. Diese Mischung aus empirischen Daten und logischen Erfordernissen führte zu einem geometrischen Bezugssystem, das sich erheblich von dem unterschied, was Physiker bis dahin zu denken gewohnt waren.

Überraschend an dieser neuen Mathematik war der Umstand, daß sie keineswegs neu war. Schon Jahrzehnte zuvor hatten Mathematiker ein ähnliches System entwickelt, ohne zu ahnen, daß ihr Konstrukt, die nichteuklidische Geometrie, für die physikalische Welt jemals eine Rolle spielen würde – so wenig wie sich Apollonios von Perge, als er im dritten Jahrhundert v. Chr. die Formeln für Parabeln und Ellipsen berechnete, hat träumen lassen, daß Isaac Newton fast zwei Jahrtausende später Gesetze aufstellen würde, denen zufolge Kanonenkugeln und Planeten genau solchen Bahnen folgen.

Wie kann reine mathematische Spekulation Gleichungen hervorbringen, die eine exakte Beschreibung der Welt liefern? Das weiß niemand. Die «unbegreifliche Leistungsfähigkeit der Mathematik in den Naturwissenschaften», wie sie der in Budapest geborene amerikanische Physiker Eugene Wigner genannt hat, ist eines der größten Geheimnisse in der Wissenschaft. Doch Geheimnis oder nicht, diese unbegreifliche Leistungsfähigkeit hat einige der größten wissenschaftlichen Fortschritte des zwanzigsten Jahrhunderts ermöglicht. Vor allem der Erfolg der allgemeinen Relativitätstheorie hat den Stil der theoretischen Physik geprägt: Ohne Zögern werden Abstraktionen der reinen Mathematik, so verstiegen sie auch sein mögen, herangezogen, wenn es darum geht, Beobachtungen zu erklären.

Anregungen sind auch in umgekehrter Richtung möglich: Aus praktischen wissenschaftlichen Erfordernissen können neue mathematische Ideen erwachsen, so zum Beispiel die Infinitesimalrechnung, die Newton erfand, um Probleme in der Mechanik zu lösen, aber auch die Geometrie, die entwickelt wurde, weil die früheren Baumeister und Geometer sie benötigten. Im zwanzigsten Jahrhundert zeigt sich die reziproke Beziehung zwischen Mathematik und Physik am Beispiel der Eichfeldtheorie, einer radikalen Spielart der Geometrie, die der deutsche Mathematiker Hermann Weyl kurz nach Einführung der allgemeinen Relativitätstheorie vorgeschlagen hat.

In Anlehnung an Einsteins Gravitationsprinzip entwickelt, führte die Eichfeldtheorie am Ende zu neuen Erkenntnissen über die physikalische Welt. Mehr noch, das Weylsche System wird wahrscheinlich einer künftigen «Theorie für alles» zugrunde liegen, jenem Begriffsrahmen, in dem sich alle in der Natur vorkommenden Teilchen und Kräfte beschreiben lassen können. Gleichzeitig ist die Eichfeldtheorie zu einem wichtigen Instrument in den Pioniergebieten der Mathematik geworden. Die schwierige Geburt und die Wandlungen dieser Theorie können uns zeigen, wie parallel die Entwicklung von Physik und Mathematik verläuft, wie sie sich überschneiden und mit welch positiven Ergebnissen das oft genug geschieht.

Am besten hat das Konzept des gekrümmten Raums Einstein selbst erläutert, und zwar in dem Buch *Die Evolution der Physik*, das er zusammen mit dem polnischen Physiker Leopold Infeld geschrieben hat. «Denken wir uns eine... Stadt mit parallelen Hauptstraßen und rechtwinklig dazu verlaufenden, ebenfalls parallelen Nebenstraßen. Alle Haupt- und Nebenstraßen sind in regelmäßigen Abständen angeordnet.» Im Fortgang beschreiben die Autoren, wie unterirdische tektonische Prozesse einen Hügel aufwerfen, mit dem sich auch die Straßen, Nebenstraßen und Häuser heben. Der durch das Gitter dargestellte Raum ist dann gekrümmt oder nichteuklidisch. Auf die gleiche Weise bewirkt die Erde eine Krümmung des Raums, jene Effekte, die Newton der Schwerkraft zuschrieb.

Bei der ersten und spektakulärsten Überprüfung der Einsteinschen Theorie im Jahr 1919 hat man die Ablenkung von Sternenlicht durch die Sonne gemessen. Wie ein Auto, das dem gewölbten Verlauf einer Straße auf dem Hang des hypothetischen Hügels folgt, weicht ein Lichtstrahl ein wenig von seinem geraden Weg ab, wenn er an einem massereichen Objekt vorbeistreicht. Mit dem Stanford-Experiment will man das Verhalten einer Antenne beobachten, die von dem Dach dieses Autos gerade nach oben ragt. Während das Auto über den Hügel fährt, neigt sich die Antenne, und, um im Bild zu bleiben, auf diese Antenne hatte Weyl seine Aufmerksamkeit gerichtet.

Weyl meinte, die Antenne lasse sich als Vektor vorstellen, als mathematisches Konstrukt, das wie ein Pfeil durch seine Größe (oder Länge) und seine Orientierung im Raum (oder Richtung) definiert ist. Wenn nach der allgemeinen Relativitätstheorie die Richtung eines Vektors anfällig für Störungen sei, so Weyl, dann müsse das auch für seine Länge gelten. Wenn sich der Raum unter Gravitationseinfluß krümme, müßten sich auch die Entfernungen zusammenziehen und dehnen, wie sie es täten, wenn man das Bild eines Gitterquadrats auf eine gekrümmte Leinwand projiziere. Mit anderen Worten, genauso wie die Richtung müßte auch auch die Länge der Antenne von dem Ort abhängen, an dem sie sich befinde.

Aus mathematischer Sicht war Weyls Vorschlag überzeugend, weil nichts in der Geometrie darauf schließen läßt, daß die Richtung eines Vektors grundlegender ist als seine Länge. Für Mathematiker sind die beiden Variablen vollkommen äquivalent.

Nach den Eichmaßen, die Techniker zur Längenmessung verwenden, nannte Weyl seine Geometrie Eichfeldtheorie. Und er entdeckte zu seiner Freude, daß die Gleichungen, die die Abweichungen der Abstandsskalen bestimmen, mit den Gleichungen des Elektromagnetismus identisch sind. Aufgrund dieser Entsprechung gelangte Weyl zu dem Schluß, daß genauso, wie die Gravitation den Raum krümme, indem sie Richtungen beuge, Elektrizität und Magnetismus den Raum krümmen würden, indem sie seine Abstandsskalen verzerrten. Damit schien Weyl eine Möglichkeit gefunden zu haben, die allgemeine Relativitätstheorie – und damit die Gravitation – mit der Elektrizität und dem Magnetismus zu einer einzigen, allumfassenden Theorie zu vereinigen.

Fest davon überzeugt, eine große Entdeckung gemacht zu haben, schickte Weyl eine Beschreibung seiner Theorie an Einstein. Die Antwort kam postwendend und war vernichtend. Auf einer Postkarte vom 15. April 1918 räumte Einstein zwar die Schönheit des Weylschen Entwurfs ein, sprach ihm aber jegliche physikalische Bedeutung ab. In Grundzügen entwarf er ein Experiment wie jenes, das gegenwärtig an der Stanford University vorbereitet wird, und wies damit nach, daß Vorhersagen, die sich aus der Weylschen Theorie ableiten ließen, unseren fundamentalsten Annahmen über die materielle Welt zuwiderliefen. Mit Hilfe eines winzigen Diagramms belegte Einstein, daß zwei Atome, die unterschiedliche Wege einschlagen würden und dabei elektromagnetischen Einflüssen verschiedenen Ausmaßes ausgesetzt wären, nach Weyls Überlegungen verschieden groß sein müßten, wenn sie wieder zusammenkämen. Ebenso, meinte Einstein, hinge dann die Länge eines ganz normalen Lineals von seiner Geschichte ab – davon, wo es gewesen wäre. Wie er gestehen müsse, schrieb er, sei es nach seiner Meinung unmöglich, daß Weyls Theorie der Natur entspreche.

Einstein war für die ästhetische Dimension der Eichfeldtheorie, die laut Weyl am entschiedensten für ihre Richtigkeit sprach, nicht unempfänglich; auf der Postkarte bezeichnete er die Idee sogar als Geniestreich. Doch die formale Schönheit der Theorie vermochte nach seiner Meinung nicht die fehlenden Beweise für ihre Grundannahmen und den tiefen Widerspruch zu allen unseren Erkenntnissen über die Welt wettzumachen. In der Geometrie mag der Unterschied zwischen Länge und Richtung belanglos sein, in der Physik ist er von zentraler Bedeutung.

Als sieben Jahre später die Quantenmechanik die Bühne der Physik betrat, erkannte Weyl, daß mit ihr eine unerwartete Neufassung der Eichfeldtheorie möglich wurde. Für die neue Deutung ist entscheidend, daß ein subatomares Teilchen in der Quantenmechanik als Welle behandelt werden kann. Die Amplitude der Welle, ihre Höhe, gibt den wahrscheinlichen Aufenthaltsort des Teilchens an, mit dem die Welle assoziiert ist: Wo die Amplitude am größten ist, kann man das Teilchen am ehesten finden. Die Geschwindigkeit der Welle steht für die Geschwindigkeit des Teilchens und die Richtung der Wellenbewegung für die Richtung der Teilchenbewegung.

Die quantenmechanische Welle hat nur eine Eigenschaft, zu der es in der üblichen Beschreibung eines Teilchens kein Gegenstück gibt, nämlich die Phase, jene Variable, die den Abschnitt eines Zyklus vom Kamm bis zum Tal bezeichnet und mit der man zyklische Erscheinungen quantifiziert. Betrachten wir beispielsweise zwei Uhren, eine, deren Sekundenzeiger auf der Drei, und eine andere, deren Sekundenzeiger auf der Sechs steht. Die Zeiger sind um einen viertel Zyklus phasenverschoben. Außerdem bedeutet der Unterschied etwas: Die Zeiger bezeichnen jeweils eine andere Tageszeit. In der Quantenmechanik dagegen schien die Phase keine erkennbare Bedeutung zu haben. Ein Teilchen, das durch eine Welle beschrieben wurde, ließ sich ebensogut durch die Welleninversion beschreiben, die gegenüber der ersten komplett phasenverschoben war.

Da sich Vorhersagen auf der Grundlage der Wellenmechanik als bemerkenswert genau erwiesen haben, hat diese Ungereimtheit des quantenmechanischen Teilchenmodells die Physiker nicht beunruhigt. Anders erging es dem Mathematiker Weyl. Wenn alle anderen Eigenschaften einer Welle einen Beitrag zur Beschreibung eines Teilchens liefern, so überlegte er, dann muß dies eigentlich auch für die Phase gelten. Wie er vermutete, verändert sich die Phase eines Teilchens je nach dem Ort, an dem sich das Teilchen befindet, genauso wie sich die Abstandsskala in seiner früheren Theorie verändert hatte. Als er die Gleichungen ableitete, denen die Phase gehorchen muß, wenn die Annahme richtig sein soll, stellte er fest, daß sie mit den Gleichungen identisch sind, die den Elektromagnetismus beschreiben – nicht anders als Jahre zuvor die Eichgleichungen. Diesmal gab es jedoch keinerlei Experimentaldaten, die Weyls Schlußfolgerung widersprochen hätten: Dadurch, daß die Quantenmechanik die scheinbar irrelevante Phasenvariable einführte, *erforderte* sie die Existenz elektromagnetischer Kräfte – und *erklärte* sie damit.

Kein Vergleich kann die Eichfeldtheorie angemessen erläutern. Wenn ich es dennoch versuche, so weil ich hoffe, wenigstens einen Eindruck von ihrer Bedeutung zu vermitteln. Stellen wir uns ein Filztuch vor, das auf dem Fußboden ausgebreitet ist, in seiner Mitte eine blaue Bowlingkugel und am Rand des Tuches ein anderer winziger Gegenstand, nur als weißer Fleck erkennbar. Das Ganze betrachtet aus großer Höhe ein Ballonfahrer. Als er bemerkt, daß der Fleck sich allmählich auf die Bowlingkugel zubewegt, beschließt er, das Phänomen zu erklären.

Zunächst vermutet der Ballonfahrer, daß die Bowlingkugel eine Anziehungskraft auf den kleinen weißen Gegenstand ausüben könnte. Das ist eine Analogie für den Begriff der Fernwirkung, der Newtons Gravitationstheorie zugrunde liegt und später auch auf Elektrizität und Magnetismus übertragen wurde. So nützlich das Konzept auch ist – die Vorstellung, ein Objekt könne ein anderes aus der Ferne ohne Hilfe einer Zwischeninstanz anziehen, bezeichnete Newton selbst als «so absurd, daß meiner Meinung nach kein Mensch mit philosophisch geschultem Verstand jemals auf sie verfallen kann».

Wenn sich der Ballonfahrer also mit der ersten Erklärung nicht mehr zufriedengeben mag, nimmt er an, das Tuch sei ein paar Zentimeter über dem Boden aufgespannt und sacke ein bißchen unter dem Gewicht der Bowlingkugel ein. Deshalb rutsche der weiße Gegenstand die schräge Ebene hinab auf die Mitte zu, eine Auffassung, die der allgemeinen Relativitätstheorie entspricht. Das Filztuch stellt den gekrümmten Raum dar, und auf den weißen Gegenstand wirkt nur die Neigung der Ebene in seiner unmittelbaren Nachbarschaft ein. Das ist das Bild, das sich ein moderner Physiker von der Gravitation macht.

Doch nehmen wir an, die wirkende Kraft sei nicht die Gravitation. Daraufhin schlägt der Ballonfahrer noch eine weitere Erklärung vor. Stellen wir uns dazu wieder vor, das Tuch sei ganz flach ausgebreitet und der Raum nicht gekrümmt. Der Ballonfahrer gelangt zu dem Schluß, daß der weiße Gegenstand ein Tischtennisball ist, und nimmt an, er sei so glatt, daß es grundsätzlich nicht zu erkennen ist, wenn er rotiert. Und wenn der weiße Gegenstand tatsächlich rotiert, dann rollt er auf die Bowlingkugel zu. Das Bild vermittelt einen Eindruck davon, wie sich ein moderner Physiker die Wirkung des Elektromagnetismus auf subatomare Teilchen vorstellt.

Tatsächlich haben die elektromagnetischen Kräfte in der Quantentheorie nichts mit der Rotation von Elementarteilchen im vertrauten dreidimensionalen Raum zu tun. Der Rotationsbegriff soll nur eine Ahnung von der zyklischen, jeglicher Beobachtung entzogenen Natur der Phasenvariablen geben. Die Rotation findet in einem hypothetischen Bezugssystem, dem sogenannten inneren Raum, statt. Theoretisch können die nichtbeobachtbaren Achsen eines anderen Raums eine, zwei, drei oder jede beliebige Zahl von Dimensionen besitzen, die sich von jedem Punkt im realen Raum aus erstrecken können. Diese inneren Räume sind miteinander verbunden und lenken die Bewegung eines Teilchens entlang seiner Bahn in einer Weise, die den beobachteten Effekten des Elektromagnetismus entspricht.

Der Unterschied zwischen den Methoden der Physik und denen der Mathematik zeigt sich darin, wie einerseits die allgemeine Relativitätstheorie und andererseits die Eichfeldtheorie entwickelt wurde. Geradezu widerstrebend sah Einstein sich gezwungen, einen merkwürdigen neuen Bereich der Mathematik – die nichteuklidische Geometrie – zu akzeptieren, um bestimmte empirische Beobachtungen zu erklären. Die Spekulation schränkte er auf Variablen ein, zu denen keine Experimentaldaten vorlagen. Im Gegensatz dazu ging Weyl von einem Argument aus, dessen einzige Stärke mathematische Widerspruchsfreiheit war, und spekulierte mit dessen Hilfe über Dinge, die schon seit geraumer Zeit wissenschaftlich beobachtet wurden – nämlich Abstand und Größe. Sein Fehler lag darin, daß er die Einschränkungen des bereits in Erfahrung Gebrachten mißachtete. Die Art, wie Weyl die Eichfeldtheorie revidierte – wie er sie unter dem Gesichtspunkt der quantenmechanischen Phasen neu formulierte –, hatte dann größere Ähnlichkeit mit Einsteins physikalischer Vorgehensweise.

Dabei war Weyl nicht der einzige, der einen solchen Perspektivenwechsel vorgenommen hat. Als Einstein und Weyl in den fünfziger Jahren Seite an Seite am Institute for Advanced Study in Princeton arbeiteten, war in Einstein die Überzeugung gereift, daß sich der fast vollständige Mangel an experimentellen Anhaltspunkten für die Beziehung zwischen Gravitation und Elektromagnetismus nur durch kühne mathematische Hypothesen überwinden lasse. Der Physiker und der Mathematiker hatten die Rollen getauscht.

Inzwischen hatte die Eichfeldtheorie ein Eigenleben entwickelt. Von Weyls Arbeiten angeregt, hatte der französische Mathematiker Élie Cartan in den dreißiger Jahren die Grundlagen der Faserbündeltheorie geschaffen. Er war ausschließlich an den formalen Aspekten der Eichfeldtheorie interessiert und entdeckte, nach welchen Regeln die Achsen benachbarter innerer Räume miteinander verbunden werden müssen, damit sich nicht das ganze Gebilde verheddert. Inzwischen ist die Faserbündeltheorie zu einem leistungsfähigen mathematischen Instrument geworden.

Im Lager der Physik wurde die Eichfeldtheorie dergestalt modifiziert, daß sie auch andere Kräfte als die elektromagnetischen beschreiben konnte. 1954 erklärten Chen Ning Yang und Robert Mills vom Brookhaven National Laboratory auf Long Island mit Hilfe der Eichfeldtheorie das Verhalten der starken Wechselwirkung, die den Atomkern zusammenhält. Dabei entwarfen sie einen komplizierteren inneren Raum als Weyl. Die Gleichungen, die diesen Raum beschreiben, liegen heute der modernen Auffassung von allen Teilchen und Kräften zugrunde (von der Gravitation abgesehen) und dienten zur Vorhersage der Teilchen, die diese Kräfte tragen – Teilchen, die man später in den Trümmern von Atomstößen in Hochenergiebeschleunigern gefunden hat. Die Eichfeldtheorie, Weyls häßliches Entlein, hatte sich in einen Schwan von strahlender Schönheit und Kraft verwandelt.

Zwischen Cartan mit seinem Interesse an der formalen Eleganz der Theorie auf der einen Seite und Yang und Mills auf der anderen mit ihrem Bestreben, eine Beschreibung der starken Wechselwirkung zu finden, die sich mit dem Elektromagnetismus vereinigen ließ, wäre eine Verständigung kaum möglich gewesen – zu verschieden waren ihre Interessen. Doch gelegentlich führte die Weiterentwicklung der Eichfeldtheorie auch zu Berührungspunkten zwischen Physik und Mathematik. 1986 gewann Simon Donaldson, ein junger Oxford-Professor, die Fields Medal, das mathematische Pendant zum Nobelpreis, für die Erforschung vierdimensionaler Räume mit Hilfe der Yang-Mills-Gleichungen – ein Problem, das keine erkennbare Verbindung zur Physik aufweist.

In der Topologie, einem Teilgebiet der reinen Mathematik, hat das Dimensionskonzept nichts mit der physikalischen Welt zu tun. Wenn Topologen beispielsweise von einem fünfdimensionalen Raum sprechen, brauchen sie fünf Parameter, oder Zahlen, um jeden Punkt dieses Raums zu beschreiben. Solche imaginären Räume können von eins bis unendlich jede beliebige Dimensionenzahl annehmen. Abgesehen davon, daß sie die Eigenschaften der einzelnen Räume untersuchen, wollen Topologen auch herausfinden, welche Eigenschaften verschiedene Räume gemeinsam haben – der Versuch, für die Mathematik das zu entwickeln, was in der Biologie die taxonomische Ordnung der Organismen ist.

Die Beschaffenheit mathematischer Räume wird gewöhnlich erfaßt, indem man ihre topologischen Eigenschaften vergleicht – zum Beispiel die Art, wie sich zweidimensionale Räume, die in vierdimensionale Räume eingebettet sind, überschneiden. Donaldson wählte einen anderen Ansatz. Ausgehend von der Überlegung, daß sich die Yang-Mills-Gleichungen auf einen vierdimensionalen Raum beziehen, begann er mit diesen Gleichungen und schloß von ihnen auf die Implikationen für topologische Räume. So entdeckte er, daß vierdimensionale Räume einzigartig sind. In einem Raum von beliebiger anderer Dimensionenzahl lassen sich die Regeln zur Verbindung benachbarter Punkte leicht verändern, ohne die globalen Eigenschaften des Raums in Mitleidenschaft zu ziehen. In vier Dimensionen scheinen die Regeln hingegen außerordentlich empfindlich zu sein. Schon eine kleine Veränderung kann dem Raum ein ganz anderes Gepräge geben.

Donaldsons ungewöhnlicher Ansatz löste ein grundsätzliches Problem bei der Klassifikation mehrdimensionaler Räume. Noch faszinierender aber war seine Entdeckung, daß der imaginäre Raum, der zufälligerweise der realen Welt entspricht, von allen anderen Räumen fundamental verschieden ist. Diese Erkenntnisse und die unkonventionelle Art, in der sie gewonnen worden waren, verblüfften die Gemeinschaft der Mathematiker.

Weniger überrascht wäre wohl Weyl gewesen. Während seines Berufslebens hat er immer wieder mathematische Bücher für Physiker und physikalische Bücher für Mathematiker geschrieben, so daß er die Rolle eines Mittlers zwischen beiden Disziplinen wahrnahm – zum Nutzen beider Seiten. Insofern war er eine lebende Verkörperung der fruchtbaren, wenn auch weitgehend rätselhaften Beziehung zwischen Mathematik und Physik.

GEOMETRISCHE PHASEN

In Umberto Ecos Roman *Das Foucaultsche Pendel* verzehrt sich der Held Jacopo Belbo in einer altvertrauten menschlichen Sehnsucht – dem unwiderstehlichen Drang nach dem Absoluten. Tröstung findet er, wenn er die Bewegung des Foucaultschen Pendels betrachtet. Dieses Instrument wird in Wissenschaftsmuseen auf der ganzen Welt ausgestellt, um die tägliche Erdumdrehung zu demonstrieren. Eine schwere Kugel, gewöhnlich aus Messing und an einem langen Faden herabhängend, wird in Schwingung versetzt. Durch einen verborgenen Magnetmechanismus erhält sie leichte Anstöße, damit sie ihre Schwingungen trotz des Luftwiderstands fortsetzen kann.

Die Schwingung des Fadens und des Gewichts definiert eine senkrechte Ebene, aber diese bewegt sich selbst auch fast unmerklich. Sie rotiert im Verhältnis zum Boden, das heißt, sie dreht sich um volle 360 Grad in einem Zeitraum, der von ihrer Position auf der Erde abhängt. In Paris, wo Belbo das Pendel beobachtet, dauert die Drehung ungefähr zweiunddreißig Stunden. Wie in volkstümlichen Erklärungen üblich, führt Eco aus, daß der Fußboden – und mit ihm die ganze Erde – unterhalb des Pendels rotiere, «dessen eigene Ebene niemals die Richtung ändert».

Nach dieser Beschreibung ist die Ebene des Foucaultschen Pendels im Raum festgelegt und durch einen geheimnisvollen Einfluß mit einem unbeweglichen Bezugssystem verknüpft, das Newton den absoluten Raum nannte. Für einen illusionslosen modernen Menschen wie Belbo liefert die Beobachtung der Messingkugel, wie sie dem unerbittlichen Diktat eines fernen Firmaments folgt, einen wunderbaren Hinweis auf eine transzendente Gewißheit, sie sei, wie er sagt, eine Möglichkeit, wieder zu Gott zu finden.

Tatsächlich ist Ecos Erklärung nicht ganz richtig. Gewiß, die Schwingungsebene eines Pendels, das man über dem Nordpol aufhängt, bleibt relativ zu den Sternen unverändert. Von jemandem betrachtet, der fest mit den Füßen auf dem Polareis steht, entspricht die Rotation des Pendels unmittelbar der täglichen Erdumdrehung. Doch verlangsamt sich die Pendelrotation mit wachsender Entfernung zum Pol, bis sie am Äquator ganz aufhört. Ein Foucaultsches Pendel in Singapur, das praktisch auf dem Äquator liegt, liefert ein besonders schönes Beispiel für den Fehler in Ecos Ausführungen.

Setzt man das Pendel in Singapur in eine westöstliche Schwingung, also parallel zum Äquator, wird seine Ebene nämlich während der Erddrehung gegenüber den Sternen wie auch der Erde unverändert bleiben. Doch wenn die Schwingung rechtwinklig zum Äquator verläuft, dreht sich die Ebene durch das Weltall, während die Erde rotiert, obwohl die Schwingung einem Beobachter auf der Erde wiederum unveränderlich erscheinen wird. (Wenn Sie Ihre Hand parallel zum Fußboden halten, während Sie sich drehen, wird sie in einer Ebene bleiben, aber wenn Sie sie senkrecht zum Fußboden halten, als wollten Sie jemandem die Hand geben, wird sich ihre Ebene mit Ihnen drehen.) Vom Nord- und Südpol abgesehen, dreht sich also die Schwingungsebene des Foucaultschen Pendels gegenüber den Sternen. Infolgedessen vollzieht sie in vierundzwanzig Stunden weniger als eine vollständige Drehung.

Und doch ist Ecos Metapher in einem bescheideneren Sinne durchaus angemessen. Die Bewegung der Messingkugel folgt einem ausgeklügelten Kompromiß zwischen den äußeren Kräften, die auf sie einwirken – der Schwerkraft und der Spannung des Fadens bei seinem Widerstand gegen die Schwerkraft –, und der jedem Körper eigenen Tendenz, Trägheit genannt, seine Bewegungsrichtung im Verhältnis zu den Sternen zu bewahren. Die äußeren Kräfte ändern ihre Richtung ständig, während die Erde sich dreht, aber die Trägheit eines Objekts ist eine ihm innewohnende Eigenschaft, unabhängig von der äußeren Umgebung und den Kräften, die auf den Körper einwirken. In gewisser Hinsicht verdient diese Eigenschaft die Bezeichnung *absolut*.

Seit der Vorführung des Foucaultschen Pendels 1851 im Pariser Panthéon hat man seine Bewegung durch Schwerkraft, Spannung und Trägheit erklärt. Doch seit kurzem ist neues Licht auf die alte Theorie gefallen, und in diesem Licht eröffnet sich eine Perspektive, die von der Belbos höchst verschieden ist. Danach folgt der Winkel, den die Schwingungsebene des Pendels während ihrer Rotation bei einem schleifenförmigen Kurs auf beliebiger Breite durchläuft, einfach aus der Geometrie des Erde-Pendel-Systems. Das ist nur ein Fall eines allgemeineren Phänomens, das in vielen anderen Systemen mit ähnlichen geometrischen Eigenschaften bei entsprechenden Rundkursen auftritt. Solche Phasen- oder Winkelveränderungen zeigen sich sowohl in der mikroskopischen Welt der Quantenmechanik (wo viele andere vertraute Gesetze aufgehoben sind) als auch in der makroskopischen Welt der Pendel. Wenn man die Rotation des Pendels als ein Beispiel für diese Phasenverschiebung betrachtet – wissenschaftlich als geometrische oder Berrysche Phase bezeichnet, nach dem Physiker Michael Berry von der University of Bristol –, so hat sie weniger absoluten als universellen Charakter.

Obwohl Berry die geometrische Phase im Bereich der Quantenmechanik entdeckte, erläuterte er das Konzept anhand eines Beispiels aus der vertrauten makroskopischen Welt. Stellen wir uns einen Globus vor, auf dessen Oberfläche ein Bleistift flach am Nordpol liegt und nach London zeigt. Schieben wir den Bleistift nun entlang des Meridians südwärts durch London hindurch bis zum Äquator. Ohne den Bleistift zu drehen, schieben wir ihn anschließend seitwärts und folgen dem Äquator ostwärts nach Singapur, auf 103 Grad östlicher Länge, um ihn schließlich, das Radiergummi voran, entlang des Meridians von Singapur wieder zum Nordpol zu bewegen.

Am Ende befindet sich der Bleistift wieder dort, wo er vorher war, jetzt allerdings um einen Winkel von 103 Grad gegen den Uhrzeigersinn gedreht – obwohl er während seiner Reise immer in die gleiche

Richtung gezeigt hat: genau nach Süden. Die Richtungsänderung während der Rundreise ist ein makroskopisches Beispiel für die Berrysche Phase. Dabei findet die Phasenveränderung statt, obwohl der Bleistift sich nicht gedreht hat, und ihre Größe ist unabhängig von der Geschwindigkeit, mit der der Bleistift die Schleife beschreibt. Die Verschiebung zeigt einfach an, daß die Schleife abgeschlossen ist, und ihre Größe hängt nur von zwei Dingen ab: der Form der Bleistiftbahn (die Richtungsänderung wäre größer gewesen, wenn der Bleistift dem Äquator weiter ostwärts bis zur Mitte des Pazifiks gefolgt wäre) und der Geometrie des Raums, in die die Bahn eingebettet ist (der sphärischen Oberfläche des Globus).

Die Phasenverschiebung des Pendels läßt sich nicht ganz so leicht vergegenwärtigen. Doch auch sie hängt damit zusammen, daß das Pendel infolge der Erdumdrehung in einer geschlossenen Schleife um eine Kugel wandert. Hier ist die Schleife anstelle eines sphärischen Dreiecks ein Breitenkreis. Weder ein Mensch noch ein Mechanismus wirkt auf die Schwingungsebene ein, während die Schleife beschrieben wird, aber am Ende des Tages kehrt das Pendel (von Experimenten an den Polen und am Äquator abgesehen) nicht zur ursprünglichen Schwingungsebene zurück, sondern ist um einen bestimmten Winkel verschoben – um 270 Grad bei einem Pendel in Paris.

Wie die Beispiele mit dem Bleistift und dem Pendel zeigen, kann es keine Winkeländerung geben, wenn das jeweilige Objekt nicht eine eigene Richtung besitzt. Ein mathematischer Punkt oder ein symmetrischeres Objekt, eine Kugel etwa, würde die Verschiebung nicht erkennen lassen. Stellen wir uns eine klare Glasmurmel vor, die den gleichen Weg beschriebe wie der Bleistift. Bei ihrer Rückkehr zum Ausgangspunkt wäre keine Veränderung erkennbar. Doch merkwürdigerweise hat in der Quantenmechanik sogar ein punktartiges Teilchen eine Art Richtung, und deshalb ist immer mit der Möglichkeit zu rechnen, daß sich eine geometrische Phase entwickelt. Vielleicht kann dieser Umstand erklären, warum die Berrysche Phase auf dem schwer zugänglichen Gebiet der Quantentheorie entdeckt wurde, bevor man sie auch in der Alltagswelt nachwies.

In der Quantentheorie ist das Grundschema zur Beschreibung eines physikalischen Systems – sei es ein Atom, ein Atomkern, ein Elementarteilchen oder eine Teilchengruppe – die Wellenfunktion. Eine solche Funktion ist ein mathematisches Gebilde, das wie die Zeichnung eines Maschinenteils in verschlüsselter Form eine vollständige Beschreibung des Systems enthält. Wer sie zu lesen versteht, ist in der Lage, Vorhersagen über das Verhalten des Systems zu machen. Für ein Teilchen beschreibt die Wellenfunktion reale, meßbare Eigenschaften, zum Beispiel Ort und Impuls. Sie gibt aber auch Aufschluß über eine Eigenschaft, die sich nicht direkt messen läßt: die Phase der Wellenfunktion. Diese Phase läßt sich analog zu vertrauteren Wellen verstehen.

Bei einer gewöhnlichen Welle – einer Welle auf einem See oder in einem Lichtstrahl – ist die Phase einfach eine Zahl, die das Stadium der Welle in ihrem Schwingungszyklus beschreibt. Die Phase wird als Winkel angegeben: 360 Grad ist ein vollständiger Zyklus, 180 Grad ein halber und so fort. Zwei Wellen bezeichnet man als phasengleich, wenn Wellental auf Wellental und Wellenkamm auf Wellenkamm trifft; ist eine Welle gegenüber der anderen verschoben, so gibt der Phasenwinkel die Verschiebung an. So sind beispielsweise zwei sonst identische Wellen, bei denen Wellenkamm und Wellental sowie Tal und Kamm zusammenliegen, um 180 Grad phasenverschoben.

Ein Phasenunterschied zeichnet sich als Interferenzmuster ab, das sich bildet, wenn die beiden Wellen einander verstärken oder aufheben. Tatsächlich wird bei quantenmechanischen Wellenfunktionen die Phase allein durch Interferenzmuster erkennbar. Im allgemeinen kann man also die Phase nur beobachten, wenn Teilchen wechselwirken.

Um die physikalische Bedeutung der quantenmechanischen Phase weiß man seit der Geburt der Quantenmechanik im Jahre 1926. Doch da sie häufig ohne meßbare Folgen ist, berücksichtigten sie die Physiker seltener als andere Merkmale der Wellenfunktion wie etwa die Größe oder Richtung. Und selbst wenn sie sich mit der Phase befaßten, führten sie häufig gewisse vereinfachende Annahmen ein, um sich das Rechnen zu erleichtern. Infolgedessen entging ihnen ein Teil der Phase vollkommen – jener Teil, den Berry geometrische Phase nennt. Um es am Beispiel des Bleistifts auf dem Globus zu erläutern: Sie erklärten die äußeren Kräfte, die auf den Bleistift einwirken, damit er gerade bleibt, aber sie vergaßen die Rotation, die automatisch durch eine Schleife auf dem Globus entsteht.

In der Quantenmechanik muß der Globus keine reale Fläche im dreidimensionalen Raum sein. Die Bahn des Teilchens kann auch auf der Fläche eines abstrakten Raums liegen, den man als Parameterraum bezeichnet. Dort sind die Richtungen auf-, ab- und seitwärts Größen, die auf das Teilchen oder seine Umgebung einwirken. Der Parameterraum kann Dimensionen verschiedener Art besitzen. So bezeichnen die Raumachsen manchmal die Länge, Breite oder Höhe des normalen Raums, gelegentlich aber auch die Temperatur oder, sagen wir, den Impuls des Teilchens, die Stärke eines externen elektrischen Feldes oder die Dichte des umgebenden Mediums.

Keine Überraschung war, daß die Veränderung einer dieser Größen – die Bewegung in einer einzigen Richtung des Parameterraums – auf die Phase einer Wellenfunktion einwirken kann. Was die Physiker hingegen in Erstaunen versetzte und ihnen auch ein bißchen peinlich war, das war Berrys Erkenntnis, daß ein geschlossener Kreislauf im Parameterraum – eine Rundreise im physikalischen Raum etwa oder ein Zyklus von Erwärmung und Abkühlung – ebenfalls Einfluß auf die Phasen haben kann.

Berry ist in der Quantenmechanik zu Hause, und so ist es kein Zufall, daß zu den ersten Anwendungsbereichen seiner Entdeckung das Innere eines Moleküls gehörte. Damals war er mit der theoretischen Untersuchung des einfachsten aller Moleküle beschäftigt, des geladenen Wasserstoffmoleküls: zwei Protonen, die ein einziges Elektron zusammenhält. Er berechnete die Wellenfunktion des Elektrons, das sich durch das von den Protonen erzeugte elektrische Feld bewegt. Dann fragte er sich, was geschähe, wenn die Protonen langsam auseinanderrückten, dem elektrischen Feld damit eine andere

Form gäben und sich dann wieder annäherten – wenn das Elektron also eine Rundreise durch den Parameterraum unternähme. Man hatte bisher angenommen, daß die Wellenfunktion des Elektrons nach einem solchen Ausflug, der ja die Umgebung des Elektrons wieder in ihren ursprünglichen Zustand versetzt, auch zu ihrem Ausgangszustand zurückkehren würde. Doch als Berry sorgfältig alle Regeln zur Berechnung von Wellenfunktionen befolgte, erwies sich, daß die Phase unter diesen Umständen eine unerwartete Rotation erführe – die geometrische Phase.

Berry hatte den Eindruck, daß dieses ziemlich spezielle Ergebnis durchaus universellen Charakter haben könnte. Er vermutete, die geometrische Phase trete möglicherweise auch in vielen anderen Situationen auf. Da die Phase einer Wellenfunktion gewöhnlich schwieriger zu messen ist als ihre Größe, suchte er nach besonderen Bedingungen, unter denen die geometrische Phase leichter zu entdecken ist. Die Lösung fand er in atomaren Systemen, die Bleistiften auf Globen entsprechen: Objekten, die von Natur aus mit Richtungsindizes ausgestattet sind.

Dazu gehören viele Arten von Atomen, Atomkernen und Elementarteilchen, die Miniaturmagneten gleichen; sie enthalten nämlich eine Richtung, die der Nord-Süd-Achse eines Magneten analog ist. Auch Photonen (Lichtquanten) nehmen eine bevorzugte Richtung an, wenn ihre Schwingungen – durch eine Polaroidsonnenbrille zum Beispiel – polarisiert werden, das heißt, eine bestimmte Orientierung erhalten. In seinem ersten Artikel über die geometrische Phase sagte Berry vorher, daß solche Teilchen nach einem Rundkurs durch den Parameterraum eine meßbare geometrische Phase aufweisen. Dabei ist der Parameterraum für die Teilchen manchmal auch unser ganz gewöhnlicher Raum, so daß die Bleistiftmetapher ihre Bewegung konkret beschreibt.

In den Jahren nach Berrys Vorhersage machten sich Physiker in aller Welt daran, seine Hypothese zu überprüfen. Die geometrische Phase schien in zahlreichen Situationen aufzutreten, doch es gab auch einen strittigen Punkt. In einem der ersten Versuche wurde polarisiertes

Licht durch eine Glasfaser geleitet. Als man aus der Faser eine Spule bildete, so daß die Photonen Loopings beschrieben, drehte sich ihre Polarisationsrichtung um einen Winkel, der der geometrischen Phase entsprach. Allerdings läßt sich dieser Winkel auch ohne Rückgriff auf die Quantenmechanik durch Maxwells Gleichungen beschreiben. An der Frage, ob die Berrysche Phase zu Recht als quantenmechanisch bezeichnet werde, entzündete sich eine Auseinandersetzung.

Doch schon nach kurzer Zeit entschieden andere Experimente die Frage. Kerne von Chloratomen und sogar Neutronen – rein quantenmechanische Systeme, die durch Wellenfunktionen beschrieben werden müssen – zeigten eine geometrische Phase, als man sie mit Hilfe von Magnetfeldern rotieren ließ oder (im Falle der Chloratome) ein Kristall, das teilweise aus Chlor bestand, einfach drehte. Da die Phasenverschiebung offensichtlich in der Quantenwelt auftritt, erwies es sich also als eine Frage des persönlichen Geschmacks, ob man sie in dem Experiment mit polarisiertem Licht als quantenmechanisch oder klassisch bezeichnete.

Auf der Quantenebene ist das Phänomen sicherlich, wie Berry sagt, «bemerkenswert und ziemlich geheimnisvoll». Ein Geheimnis liegt in der Formel, die er für die geometrische Phase entwickelt hat, denn dort wird sie als Funktion der von dem Rundkurs in einem Parameterraum umschlossenen *Fläche* ausgedrückt. Im Bleistiftbeispiel ist die entsprechende Fläche die des großen sphärischen Dreiecks, das durch den Meridian von London, den Äquator und den Meridian von Singapur begrenzt wird. Dabei bestreicht der Bleistift nicht die ganze Fläche, sondern legt nur einen Weg an ihrer Peripherie zurück. Wie kann das ausgerichtete Objekt die Gesamtform des Parameterraums «kennen», wenn es nur dessen Ränder streift? Bei einem makroskopischen System wie dem von Bleistift und Globus kann man die Antwort in der elementaren Geometrie finden. Doch auf der Quantenebene ist das Geheimnis subtiler. Letztlich muß man das Rätsel wohl der seltsamen Fähigkeit der von der Quantenmechanik beschriebenen Teilchen zuschreiben, sich im Raum auszubreiten, statt sich an einem Punkt zu lokalisieren.

Im makroskopischen Bereich läßt sich jeder Fall einer Berryschen Phase auch durch die vertrauten Gesetze der klassischen Physik erklären, was sich allerdings meist als der umständlichere Weg erweist. Wie sich die Drehung des Bleistifts aus den Gesetzen der elementaren Stereometrie ergibt, folgt die Rotation der Lichtpolarisation aus den Maxwellschen Gleichungen und die Bewegung des Foucaultschen Pendels aus den Newtonschen Gesetzen. Der Vorteil von Berrys Analyse liegt darin, daß sie uns einen einzigen, einfachen Ansatz zum Verständnis so verschiendener Erscheinungen an die Hand gibt. Auch wenn die klassische Version der Berryschen Phase nicht geheimnisvoll ist, so ist sie doch nicht minder bemerkenswert als ihr quantenmechanisches Pendant.

Betrachten wir also, wie es der Berryschen Analyse gelingt, zwei Phänomene miteinander zu verknüpfen, die kaum etwas miteinander gemein zu haben scheinen: die Drehung eines Bleistifts auf einem Globus und die unheimliche Fähigkeit einer Katze, auf die Füße zu fallen. Diese außerordentliche Geschicklichkeit von Katzen hat zahllose neugierige Jungen dazu gebracht, das Familienkätzchen vom Garagendach zu werfen. Schließlich kann ein starrer Körper, etwa ein Ziegelstein, den man ohne Drehung fallen läßt, seine Ausrichtung nicht verändern. Der Satz von der Erhaltung des Drehimpulses (der sich aus Newtons Gesetzen ergibt) besagt, daß ein Objekt keine Drehbewegung ausführen kann, wenn nicht eine äußere Kraft auf es einwirkt. Warum sollte das bei einer Katze anders sein?

Noch rätselhafter wird die Sache dadurch, daß eine Katze ihre Position auch dann korrigieren kann, wenn man sie ganz vorsichtig, ohne jeden Anflug einer anfänglichen Drehung, fallen läßt. Im übrigen rudert sie dabei nicht durch die Luft, wie sie es wohl unter Wasser täte. So dünn wie die Luft ist, kann diese Maßnahme in der kurzen Zeit des Sturzes wenig bewirken. In der zweiten Hälfte des 19. Jahrhunderts, als das Gebäude der klassischen Mechanik längst sorgfältig ausgearbeitet war, begegneten die Physiker der Drehung der Katze mit so viel Skepsis, daß sie wie Schuljungen den Drang spürten, das Experiment selbst durchzuführen.

Also ließ man widerstrebende Katzen mit den Beinen nach oben zu Boden fallen und fotografierte sie dabei. Die Bilder wurden in wissenschaftlichen Zeitschriften veröffentlicht, und so seltsam und körnig sie uns heute auch erscheinen, sie sprechen eine eindeutige Sprache. Mit den Beinen nach oben beginnen die Katzen ihren Sturz und drehen den Körper dann mit ein paar geschmeidigen Bewegungen, so daß sie mit den Pfoten zuerst auf dem Fußboden aufkommen. Bringen Katzen also Lehrgebäude des genialen Newton ins Wanken?

Eine eingehende Analyse offenbarte schließlich die Wahrheit, aber die ist so verblüffend, daß selbst gelernte Physiker Zweifel äußern, wenn sie sie erstmals hören. Nichtstarre Körper können nämlich ihre Ausrichtung ohne den Einfluß äußerer Kräfte verändern. Newtons Gesetze behalten ihre Geltung, weil die Katze, während sie beim Sturz Teile ihres Körpers dreht, andere Teile des Körpers in die entgegengesetzte Richtung wendet, so daß der Gesamtdrehimpuls null bleibt. Wie kann dann aber die Katze, insgesamt gesehen, eine Drehung vollführen?

Das schafft sie mit Hilfe einer Technik, die an eine Figur des Eiskunstlaufs erinnert. Eine Eisläuferin, die eine Pirouette beschreibt, kann ihr Tempo verlangsamen und wieder beschleunigen, indem sie zunächst die Arme ausstreckt und dann wieder an den Körper zieht. Dabei legt sie einen Rundkurs in dem Parameterraum zurück, der die Position ihrer Hände definiert; in diesem Zeitraum erfährt ihre Ausrichtung eine bestimmte Veränderung.

Diese Verschiebung können wir leicht verstehen, wenn wir uns eine zweite Eisläuferin vorstellen. Die beiden Mädchen beginnen ihre Rotation vollkommen synchron. Nach dem Ausflug im Parameterraum wird sich die erste Läuferin wieder im gleichen Tempo drehen wie die zweite, aber ein Beobachter wird die Gesichter der beiden Sportlerinnen nicht mehr zur gleichen Zeit erblicken. Durch den Prozeß der Verlangsamung und Beschleunigung hat die erste Eisläuferin eine geometrische Phase gewonnen.

Die Katze integriert dieses Kunststück in ein umfassendes Bewegungsmuster. Beim Fallen zieht sie die Beine an und dreht den Körper in die eine Richtung, während sie den Schwanz in die andere wendet (wodurch sie den Drehimpuls erhält). Dann streckt sie die Beine und kehrt den Prozeß um. Die ausgestreckten Beine hindern den Körper der Katze daran, wieder ganz in die ursprüngliche Ausrichtung zurückzukehren. Auf diese Weise erreicht sie eine geometrische Phase von 180 Grad und landet sicher auf den Füßen.

So reihen sich fallende Katzen mit den Foucaultschen Pendel, Loopings beschreibenden Photonen und schwingenden Molekülen in die Vielzahl jener Erscheinungen ein, für die Berry eine schlüssige Erklärung geliefert hat. Wie es einer Katze gelingt, sich in der Luft zu drehen, hat man auch schon vorher verstanden, doch Berrys Erkenntnis wirft neues Licht auf die Erklärung. Nachdem er einen kleinen Fehler in einer quantenmechanischen Berechnung gefunden hatte, berichtigte er ihn nicht nur, sondern ging ihm auf den Grund und entdeckte seine tiefere mathematische Bedeutung. Diese Beziehung war so weitreichend, daß sie andere Forscher dazu anregte, eine Fülle von Fällen auf gleiche Weise zu analysieren.

Zwar waren sowohl Michael Berry als auch Jacopo Belbo aus Ecos Roman bestrebt, hinter die Erscheinungen zu schauen, aber sie gingen das Problem des Foucaultschen Pendels aus entgegengesetzten Richtungen an. In seiner mystischen Suche nach dem Absoluten fand Belbo dessen Spuren in den Einzelheiten dieser Welt, während der Wissenschaftler Berry bei dem Versuch, die Einzelheiten zu verstehen, Beweise für die der Natur zugrundeliegende Einheit und Einfachheit entdeckte und auf diese Weise das Universelle fand.

REGISTER